基于功用性认知的家庭服务机器人技能学习研究

吴培良 陈雯柏 高国伟 毛秉毅 著

燕山大学出版社
·秦皇岛·

本书系统介绍了基于功用性认知的家庭服务机器人技能学习方法研究的最新成果。全书分为工具功用性认知、环境功能区认知、功能区导航技能学习、工具功用性操作技能学习四大部分。其中，工具功用性认知着重阐述工具功用性部件及工具整体的建模与检测；环境功能区认知着重阐述家庭室内功能区建模与快速分类；功能区导航技能学习着重阐述基于深度强化学习思想的机器人功能区导航技能学习算法；工具功用性操作技能学习着重阐述基于功用性认知的目标推抓、抓放、开门及工具位姿操控技能学习。

全书注重系统性、严谨性、理论性和可读性，可以作为高等院校计算机、智能科学与技术、机器人工程等专业高年级本科生及研究生的教学用书，也适合作为相关专业科研工作者的参考辅导工具书。

图书在版编目(CIP)数据

基于功用性认知的家庭服务机器人技能学习研究/吴培良等著. —秦皇岛：燕山大学出版社，2022.7

ISBN 978-7-5761-0362-5

Ⅰ.①基… Ⅱ.①吴… Ⅲ.①家政服务-服务机器人-研究 Ⅳ.①TP242.3

中国版本图书馆 CIP 数据核字(2022)第 091406 号

基于功用性认知的家庭服务机器人技能学习研究

吴培良 陈雯柏 高国伟 毛秉毅 著

出 版 人：陈 玉
责任编辑：孙志强　　策划编辑：孙志强
责任印制：吴 波　　封面设计：刘馨泽
出版发行：燕山大学出版社 YANSHAN UNIVERSITY PRESS　　地 址：河北省秦皇岛市河北大街西段 438 号
邮政编码：066004　　电 话：0335-8387555
印 刷：英格拉姆印刷（固安）有限公司　　经 销：全国新华书店

开 本：170 mm×240 mm 16 开　　印 张：13
版 次：2022 年 7 月第 1 版　　印 次：2022 年 7 月第 1 次印刷
书 号：ISBN 978-7-5761-0362-5　　字 数：213 千字
定 价：52.00 元

前　　言

机器人被誉为“制造业皇冠顶端的明珠”。2021年12月，工信部等十五部门联合印发的《“十四五”机器人产业发展规划》中指出未来五年的发展目标：到2025年，我国成为全球机器人技术创新策源地、高端制造集聚地和集成应用新高地。

在家庭服务机器人研究领域，2007年比尔·盖茨提出了“家家都有机器人”的宏伟设想。十五年后的今天，扫地机器人等具备基本服务能力的机器人产品进入日常家庭，极大地方便和改善了人们的生活。在人工智能与机器人结合的前沿领域，能够与作业环境、人和其他机器人自然交互，自适应复杂动态环境并协同工作的共融机器人概念已被提出，其研究框架雏形正在逐步形成。

作为共融机器人的基础研究课题之一，功用性认知研究旨在使机器人像人一样认识日常生活中工具及环境的功能用途。事实上，功用性作为物品及场景的重点语义特征，在人类认知和活动中起到巨大作用，频繁出现在人们的日常用语中，并且深刻地影响着人们的理解和交互。

本书在科研团队2018年出版于科学出版社的著作《家庭服务机器人工具和环境的功用性认知研究》基础上，进一步研究基于功用性认知的技能学习方法。两本书均针对家庭服务机器人智能化展开研究，《家庭服务机器人工具和环境的功用性认知研究》聚焦在家庭日常工具和环境的功用性认知方面，至此，本研究团队已经将机器学习算法改进应用于工具功用性认知、环境功用性认知、工具操作技能学习、机器人路径规划学习等方面，这几个方面由点到面，互相关联、互为补充，构成了本书的主体内容。全书由吴培良负责统稿，具体章节撰写分工如下：

第1章由吴培良撰写；第2章由贺超、陈雯柏撰写；第3章由陈伟钊、陈雯柏撰写；第 4 章由林为梁、高国伟撰写；第 5 章由李亚南、吴培良撰写；第 6 章由李忠志、陈雯柏撰写；第 7 章和第 8 章由王昌龙、毛秉毅撰写；第 9 章和第 10 章由刘瑞军、吴培良、陈雯柏撰写；第 11 章由张彦、吴培良、高国伟撰写；第 12 章由张润琪、吴培良撰写；第 13 章由张彦、吴培良、高国伟撰写。书稿的校对工作由苑浩鹏、罗世诚负责。

回首功用性认知及操作技能学习的研究之路，过程绝非一帆风顺。在每次遇到迷茫的时候总能有幸得到我的博士生导师孔令富教授、博士后导师侯增广研究员，以及访学导师于洪年教授的耐心指导，让我得以坚持至今，感激之情非言语所能表达；还需要感谢的是一路陪我走来的研究生团队，在人工智能研究处于低谷的时候，可以顶住压力随我一起潜心研究，并为本书的写作贡献了重要力量。

在撰写本书的过程中，我们参考了许多同类学术论文，吸收了许多观点，在此由衷地表示感谢，并在参考文献中列出。

本书的出版得到了国家自然科学基金联合资助基金项目“大面积穿戴式柔性触觉传感器关键问题研究”（项目编号：U20A20167）、河北省自然科学基金项目“融入功用性认知的家庭服务机器人工具操作模仿学习方法研究”（项目编号：F2021203079）、北京市自然科学基金项目“家庭服务机器人语义认知与图谱构建理论与方法研究”（项目编号：4202026）和河北省计算机虚拟技术与系统集成重点实验室的河北省创新能力提升计划项目（项目编号：22567626H）的资助，在此一并表示感谢。

由于作者水平有限，加之时间仓促，书中难免存在不足之处，敬请读者批评指正。

吴培良

于燕山大学

2022 年 6 月

目　　录

第 1 章　基础知识 …… 1

1.1　研究背景 …… 1

1.2　国内外研究现状 …… 2

1.3　国内外发展动态分析 …… 7

1.4　本书所用特征 …… 8

1.4.1　深度几何特征 …… 8

1.4.2　SURF 特征 …… 9

1.5　本书所用网络 …… 9

1.5.1　卷积神经网络 …… 9

1.5.2　深度置信网络 …… 10

1.5.3　长短时记忆网络 …… 12

1.5.4　生成对抗网络 …… 14

1.6　本书所用算法 …… 15

1.6.1　经典强化学习算法 …… 15

1.6.2　基于值函数的深度强化学习算法 …… 15

1.6.3　基于策略的深度强化学习算法 …… 17

1.6.4　注意力机制 …… 19

1.7　本书所用数据集 …… 20

1.7.1　UMD RGB-D Part Affordance 工具功用性数据集 …… 20

1.7.2　EvTouch-Containers 和 EvTouch-Objects 触觉数据集 …… 22

1.7.3　Scene 15 室内功能区数据集 …… 23

1.8　本章小结 …… 24

参考文献 …… 24

第 2 章　基于语义 Mask R-CNN 的家庭日常工具功用性部件检测 …… 30

2.1　引言 …… 30
2.2　系统框架 …… 31
2.3　工具功用性部件检测器 …… 32
2.4　主干网络 …… 33
2.5　Mask 分支 …… 34
2.6　实验 …… 36
2.6.1　数据集选择 …… 36
2.6.2　模型训练和损失函数 …… 36
2.6.3　实验结果分析 …… 37
2.7　本章小结 …… 39
参考文献 …… 40

第 3 章　基于轻量化 MobileNet 的家庭日常工具功用性分类 …… 41

3.1　引言 …… 41
3.2　系统架构 …… 42
3.3　深度可分离卷积 …… 43
3.4　MobileNet 网络 …… 43
3.5　模型训练与集成 …… 45
3.5.1　模型训练 …… 45
3.5.2　模型集成 …… 45
3.6　实验 …… 46
3.6.1　实验平台 …… 46
3.6.2　数据集选择 …… 47
3.6.3　实验结果与分析 …… 48
3.7　本章小结 …… 51
参考文献 …… 51

第 4 章 基于触觉信息的工具功用性检测算法 …… 53

4.1 引言 …… 53
4.2 系统框架 …… 54
4.3 图注意力残差卷积网络 …… 54
4.4 SNN 脉冲神经网络 …… 59
4.5 Vote 投票层 …… 61
4.6 脉冲图注意力残差卷积网络 …… 61
4.7 实验 …… 62
4.7.1 数据集选择 …… 62
4.7.2 模型超参数 …… 63
4.7.3 实验结果及分析 …… 63
4.8 本章小结 …… 68
参考文献 …… 68

第 5 章 基于无码本模型的服务机器人室内功能区分类 …… 69

5.1 引言 …… 69
5.2 系统框架 …… 69
5.3 基于无码本算法的功能区图像模型构建 …… 70
5.3.1 提取图像特征描述符 …… 70
5.3.2 图像高斯模型表示与匹配 …… 71
5.3.3 图像高斯模型的优化 …… 72
5.3.4 学习改进的 SVM 分类器 …… 73
5.3.5 室内功能区建模算法描述 …… 74
5.4 在线检测算法 …… 74
5.5 实验 …… 75
5.5.1 实验数据集 …… 75
5.5.2 实验结果及分析 …… 75
5.6 本章小结 …… 77

参考文献 …… 78

第6章 基于预训练网络的室内功能区快速分类 …… 80

6.1 引言 …… 80
6.2 系统框架 …… 81
6.3 MobileNet V3 轻量级深度卷积网络 …… 81
6.4 深度可分离卷积 …… 82
6.5 特殊的网络尾部结构 …… 82
6.6 迁移学习策略 …… 83
6.7 实验与分析 …… 84
6.7.1 实验数据集 …… 84
6.7.2 实验结果及分析 …… 86
6.8 本章小结 …… 87
参考文献 …… 88

第7章 基于CNN和Dueling DQN的机器人功能区导航技能学习 …… 89

7.1 引言 …… 89
7.2 系统框架 …… 90
7.3 卷积神经网络构建 …… 90
7.3.1 卷积层构建 …… 90
7.3.2 池化与激活函数的选择 …… 92
7.4 卷积神经网络优化 …… 94
7.5 决斗网络架构的构建 …… 95
7.6 基于CDDN的导航技能学习 …… 96
7.6.1 导航问题建模 …… 96
7.6.2 基于CDDN的导航技能学习 …… 97
7.7 实验 …… 98
7.7.1 实验条件与实验场景 …… 98
7.7.2 实验结果及分析 …… 101

7.8 本章小结 …… 106
参考文献 …… 107

第 8 章 基于值函数和策略梯度的机器人功能区导航技能学习 …… 108

8.1 引言 …… 108
8.2 ACDN 框架 …… 109
8.3 Actor 模块搭建 …… 110
8.4 Critic 模块搭建 …… 111
8.5 基于 ACDN 的导航任务研究 …… 112
8.6 实验 …… 114
8.6.1 实验条件与实验场景 …… 114
8.6.2 实验结果及分析 …… 114
8.7 本章小结 …… 118
参考文献 …… 118

第 9 章 基于功用性图的杂乱场景目标推动-抓取技能学习 …… 119

9.1 引言 …… 119
9.2 系统框架 …… 119
9.3 推动和抓取任务描述及抽象化 …… 121
9.4 推抓功用性图特征提取网络 RGSA-Net …… 122
9.5 自适应参数 …… 122
9.6 基于分组卷积的 RGSA-Block …… 123
9.7 基于拆分注意力机制的 Split-Attention 模块 …… 125
9.8 面向机器人推抓技能学习的 DQAC 算法 …… 126
9.9 实验 …… 129
9.9.1 仿真环境搭建 …… 129
9.9.2 训练阶段 …… 130
9.9.3 实验场景 …… 133
9.9.4 结果分析 …… 137

9.10 本章小结 …… 138
参考文献 …… 139

第10章 基于生成对抗网络与模型泛化的日常工具推动-抓取技能学习 …… 140

10.1 引言 …… 140
10.2 系统框架 …… 141
10.3 推动与抓取任务描述与建模 …… 142
10.4 GARL-DQN 泛化模型建模 …… 143
10.5 GARL-DQN 抓取网络建模 …… 144
10.6 GARL-DQN 推动网络建模 …… 145
10.7 GARL-DQN 生成对抗网络建模 …… 147
10.8 实验 …… 149
10.8.1 实验环境搭建 …… 149
10.8.2 训练实验 …… 151
10.8.3 训练实验结果分析 …… 151
10.8.4 测试实验 …… 152
10.8.5 测试实验结果分析 …… 155
10.9 本章小结 …… 156
参考文献 …… 156

第11章 基于Soft-DDQN的工具抓取-放置技能学习 …… 158

11.1 引言 …… 158
11.2 系统架构 …… 159
11.3 Soft-DDQN 推导 …… 159
11.4 PAP 空间离散化表示 …… 161
11.5 基于 Soft-DDQN 的 PAP 技能自学习 …… 163
11.6 实验与分析 …… 164
11.6.1 实验任务 …… 164

11.6.2　实验结果与分析 …… 164
11.7　本章小结 …… 167
参考文献 …… 167

第 12 章　基于触觉感知的机器人开门技能学习 …… 169

12.1　引言 …… 169
12.2　系统框架 …… 170
12.3　TD3 算法 …… 170
12.3.1　强化学习 …… 170
12.3.2　双延迟深度确定性策略梯度(TD3) …… 171
12.4　基于触觉的机器人开门技能学习模型 …… 172
12.4.1　观察空间设置 …… 172
12.4.2　动作空间设置 …… 173
12.4.3　奖励函数设置 …… 173
12.4.4　策略学习设置 …… 174
12.4.5　仿真到真实的参数设置 …… 174
12.5　实验 …… 176
12.5.1　实验环境设置 …… 176
12.5.2　实验分析 …… 177
12.6　本章小结 …… 177
参考文献 …… 177

第 13 章　基于元学习和事后经验回放的工具位姿操控技能学习 …… 179

13.1　引言 …… 179
13.2　系统架构 …… 180
13.3　软更新事后经验回放(SHER) …… 181
13.4　自适应软更新事后经验回访(AS-HER) …… 182
13.5　基于元学习的经验回放分割 …… 184
13.6　Fetch 和 Hand 环境的强化学习表示 …… 185

13.7 基于 DAS-HER 的机器人操作技能学习 …… 186
13.8 实验 …… 187
13.8.1 Fetch 环境及结果分析 …… 188
13.8.2 Hand 环境及结果分析 …… 189
13.8.3 精简值函数分析 …… 191
13.9 本章小结 …… 192
参考文献 …… 192

彩图 …… 194

第1章 基础知识

1.1 研究背景

随着社会进步和机器人技术的不断发展，特别是在比尔·盖茨提出“机器人进入千家万户”的设想后，服务机器人逐渐受到人们关注，此外，在人口老龄化日益严重的今天，智能服务机器人进入家庭为老人、残障人士提供服务的需求越来越迫切。在这样的背景下，众多发达国家对服务机器人的研究高度重视，相继制定了相应的战略发展规划。我国科技部早在“十二五”期间就组织编制了《服务机器人科技发展“十二五”专项规划》，将服务机器人研究作为“十二五”期间机器人技术研究的重要部分。进入“十三五”期间，国家自然科学基金委员会启动了“共融机器人基础理论与关键技术研究”重大研究计划，明确提出了对能够与作业环境、人和其他机器人自然交互、自主适应复杂动态环境并协同作业的共融机器人的概念及其研究方向；科技部启动实施了国家重点研发计划“智能机器人”重点专项，其中服务机器人被视为六个重点发展方向之一；国务院印发了《新一代人工智能发展规划》，强调将知识驱动的人机物三元协同与互操作理论作为自主无人系统的基础理论加以研究。在这些政策导向的推动下，国内外很多高校和学者先后投身其中，服务机器人的研究逐渐进入了高速发展时期。

尽管已有众多的高校和科研机构对服务机器人展开了研究，但是目前服务机器人的研究仍处于一个较低的水平，尤其是在家庭服务机器人领域，相比人们期望的机器人进入日常家庭提供宜人化服务还有较大差距，其原因主要在于机器人自身智能程度的限制以及家庭日常工具的复杂性。在家庭环境下，服务机器人要完成一项服务任务(如烹饪)，往往涉及“用到哪些工具?”“每个工具有什么功能?”“如何操作以发挥该工具的功能?”“工具在哪里?”“如何得到想要的工具?”等问题，其中，后两个问题属于导航范畴，而前三个问题则更加抽象化，属于知识语义表示与推理范畴。事实上，在服务机器人研究领域中，环境和工具的有效知识语义表示及环境导航、工具操控技能学习是机器人理解并适应环境及其中工具，继而完成自主操作规划，并最终提供共融式宜人化服务的基础。

对服务机器人环境及其工具的学习研究经历了两个阶段：基于感知信息的被动阶段（面向识别和被动受控）和基于认知推理的主动阶段（面向服务和自然交互）。前一阶段中，工具主要被表示为基于颜色、纹理等底层表观特征，该阶段缺乏对环境功能区、工具功用性等语义的描述，对机器人工具功能理解和与人自然交互帮助甚少；后一阶段中，环境功能区、工具功用性等中高层语义信息得到重视，类比来看，这些语义信息在人类日常活动中同样起着至关重要的作用，频繁出现在人们的日常用语中，并且深刻地影响着人们的理解和交互。传统感知型机器人正是由于没有考虑功能区、功用性等语义信息，无法建立与人相同或相似的方式认知服务环境及其中工具，导致难以与人形成共性认知和自然交互而无法做到共融式宜人化服务。因此，基于功用性等语义信息有望建立与人类相兼容的环境及其工具的认知和操作方式。

目前，国内外对环境及其工具的功用性认知和技能学习研究已经初步展开，但问题还远未到解决的程度，通用的、实用化的语义知识表示方法和技能学习方法仍需要进一步深入研究。根据 Li Feifei 等研究团队的最新调查研究，功用性这一语义特征在人类认知中起到更大作用，某种程度上讲，功用性是一种比名称更有意义的语义描述，将其融入机器人学习体系中将极大地提升其认知和技能学习水平。

综上所述，基于学习的家庭服务机器人日常环境及其工具深层认知及技能学习研究具有重要的现实意义和研究价值。目前，融入功用性这一关键语义属性，并据此展开环境功能区认知、工具功用性认知、基于功用性认知的技能学习研究时机已经成熟，思路也较为清晰，针对其相关理论与关键技术问题深入分析，探索宜于机器理解和学习的功用性深层认知方法，并最终提高机器人环境适应、工具操作和共融式宜人化服务水平的研究已经势在必行。

1.2 国内外研究现状

本书围绕家庭服务机器人基于环境及其工具功用性认知的技能学习关键理论与技术展开探讨，所研究的问题属于机器学习、状态估计等理论及其在家庭服务机器人认知与技能学习方面的应用。由于家庭环境认知的复杂性，目前国内外研究主要集中在工具功用性认知、室内功能区场景认知、机器人操作位姿检测、机器人操作技能学习等方面独立展开。

1. 工具功用性认知研究

受自然交互和宜人服务任务驱动，机器人已能认知和检测工具的名称、类别等基础语义，但这些语义对于执行工具操作任务作用不大。近年来，工具功用性(Affordance)的概念被提出，用于表示工具所能提供的行为可能，并其因连通物理世界与任务世界而被认为是语义的重要组成部分[1]。目前，机器人主要通过读取语义标签的方式被动获取功用性语义，基于推理学习的功用性主动认知研究逐步展开，前期主要采用函数方法进行功用性检测研究，比如物体(如椅子)的 3D CAD 模型[2]。此外，部分研究聚焦于基于语义的方法进行功用性检测[3, 4]。

随着 RGB-D 传感器(如 Kinect)的出现，快捷并低成本地获取 3D 信息成为可能，继而在功用性检测领域催生了一些新的研究成果：Hassan 等人[5]将人、物和环境三个突出语境作为一组属性，实现了精细和高水平的功用性检测；Redmon 等人[6]基于 CNN 方法检测各种工具的抓取位置；Ardon 等人[7]从视觉输入中提取语义关系并进行“grasp”功用性的检测；Austin Myers 等人[8]提出了一种关联功用性的局部几何和形状信息结构，并运用 SRF 和 S-HMP 方法检测家庭中日常工具的 7 种功用性部件(grasp、cut、scoop、contain、pound、support 和 wrap-grasp)；Worgotter[9]从本体论和语义角度出发，构建了 6 种工具功用性部件(contain、cut、hit、hook、poke、sieve)并用于日常工具的功用性语义分析；Deng[10]提出了包含 23 种物品和 18 种功用性的 3D AffordanceNet 数据集以及用来评估功用性认知的三个基准测试任务；吴培良等人[11]提出了功用性部件的边缘检测模型，并运用 SRF 方法检测家庭中日常工具的功用性部件，在此基础上展开了基于联合学习的部件功用性检测[1]，以及基于空间金字塔池化的日常工具分类识别研究[12]。

2. 室内功能区场景认知

室内场景识别在机器人和计算机视觉领域是一个非常具有挑战性的开放问题。Lazebnik 等人[13]在该方面做出了开创性的工作，随后场景识别主流方法致力于利用表观特征或空间信息来构建场景图像的全局表示，并在室外场景识别时取得很好效果，但针对室内场景表现不佳，其原因有二：第一，由于室内工具存在形式的多样性，造成同类场景呈现较大差异；第二，人造环境中不同场景类间存在相似性。为了弥补低层特征表示方法的不足，一些中层和高层语义信息被用来进行图像的表示。文献[14]提出了一种考虑不同视觉单词间的空间关系的空间金字塔匹配模型。文献[15]建立了一种语义融合框架，通过自适应非负多特征融合来预测场景类别。

传统视觉感知模型通过识别场景的工具推断场景类型，然而目前的研究成果表明人类对图像的局部细节并不敏感。心理学家则预测功用性是实现人类感知外部环境的关键[16]。将所含工具功用性、布局(位置)及空间关系等语义信息融合起来，是提高场景识别准确率的行之有效的研究方向，本课题组提出了一种规避码本的室内功能区表示与建模方法[17]。

3. 机器人抓取位姿检测

基于视觉的机器人抓握过程中的三个关键任务，即目标检测、对象姿势估计和抓握估计。随着深度学习技术的不断进步，机器人经过深度学习的训练，通过计算物体的抓取框和类别来检测目标物体。Lenz 等人[18]采用两个级联的深度网络实现对物体抓取可能性的检测，使用了一种多峰特征学习算法，提高对抓取物体的识别能力和抓取框检测性能，同时减少了训练时间。Morrison[19]提出了一种实时、轻量的用于闭环抓取的生成式抓取卷积神经网络(GG-CNN)，使用深度图像进行端到端的像素级抓取质量和姿势预测。Redmon 等人[20]提出了一种利用大型卷积网络的广泛能力对整个图像中的单个物体预测多个抓取部位，卷积网络同时对物体进行分类与识别，从而更快地提取抓取框，在实时速度运行下达到了 88%的精度。机器人目标抓取框如图 1-1 所示。

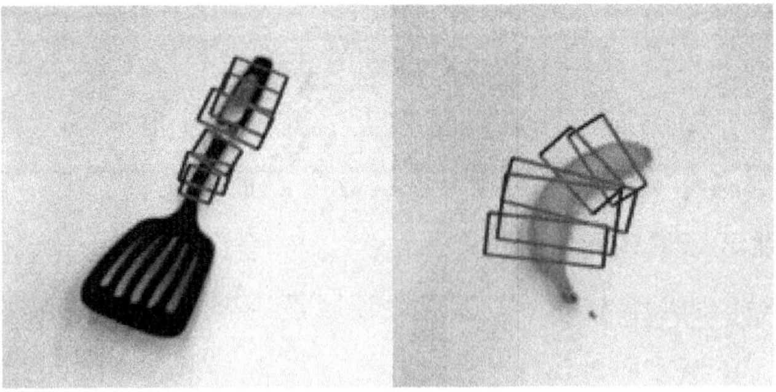

图 1-1　图像中的抓取框描述抓取位置

Kumra 等人[21]提出了一种新颖的生成残差卷积神经网络(GR-ConvNet)模型，以解决场景的图像生成和对未知物体的机器人抓取问题。Liu 等人[22]提出了基于环境动态约束模型的接触状态估计方法，并将其用于基于人类示教的机器人操作技能学习。Satish 等人[23]提出了一种基于完全卷积抓取质量 CNN(FC-GQ-CNN)的策略，通过使用数据收集策略和综合训练环境来预测鲁棒的抓握质量。Li 等人[24]通过检测给定 3D 对象的承受能力，利用训练卷积神经网络(CNN)，以从 RGB-D 图像中学习一组抓取特征。Zeng 等人[25]提出了一种识别物体的机器人抓取放置系统，该系统能够在杂乱环境中识别已知物体和未知物体，对未知物体使用全卷积网络计算抓取成功的概率，执行最大成功率的抓取动作。在此基础上，该团队进一步提出了适用于视觉抓取的奖励机制[26]。

4. 机器人操作技能学习

由于深度强化学习在游戏、围棋、无人驾驶等不同领域展示了不俗的表现，研究人员开始采用深度强化学习的方法解决机器人操作的研究，强化学习有望使机器人能够自主学习操作技能，高效率解决自主操作等问题。

谷歌大脑和伯克利联合采用一种基于异策略深度 Q 网络的深度强化学习算法[27]，多个机器人通过异步策略更新的深度强化学习来协作学习单个策略，在仿真环境中训练智能体学习各种 3D 操作技能，并且在多个物理机器人上进行了验证，机器人对到达位置点任务、推门或开门任务、抓取放置等操作技能的学习取得了良好的表现，工作场景如图 1-2 所示。

图 1-2　两个机器人学习开门任务

谷歌大脑使用一种可扩展自我监督的基于 Q-learning 的连续动作泛化的离策略训练方法[28]来学习基于视觉的动态操纵技能的问题，采用大规模分布式对多个机器人进行训练优化，结合深度 Q 学习算法，从训练数据中获取经验。此次谷歌大脑使用了 7 个 KUKA LBR IIWA 机器臂进行了长达 4 个月的训练，在人工干预影响较小的情况下，自动收集训练的技能经验，充分地利用收集的数据集，测试实验表明，在训练过程中对一些没有观察过的物体实现了高达 96%的抓取成功率，从而创建了一个具有挑战性和实用性的模型。谷歌大脑基于视觉的强化学习框架可以扩展到大型数据集和非常大的模型，并且可以针对复杂的现实世界任务有效地推广训练策略，实现机器人智能化自主操作的技能，训练场景如图 1-3 所示。

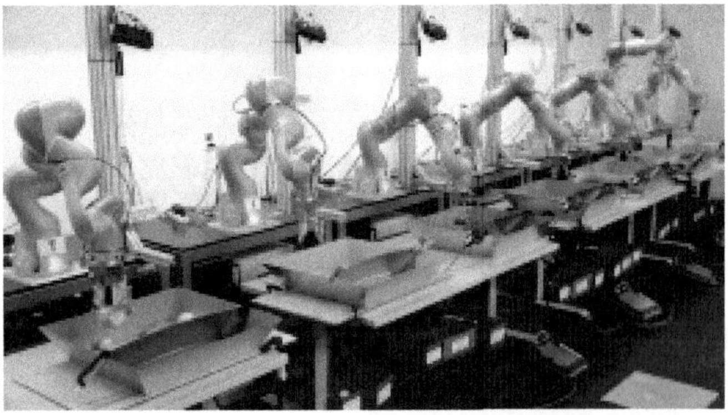

图 1-3　谷歌大脑机器人训练场景

虽然谷歌大脑采用强化学习的方法在机器人操作任务上取得了巨大的成果，但是需要采用多台物理机器人花费较长的时间用于搜集训练策略，由于实体平台训练的成本相对比较高，机器人也会产生不同程度的磨损，并且消耗一定的人力物力，采用一些仿真环境[29]进行训练测试成为研究人员解决机器人操作任务的另一种选择。Gupta 等人[30]采用 MuJoCo 仿真搭建模拟厨房环境，该厨房场景包括一个可打开的微波炉，四个可旋转的烤箱燃烧器，一个烤箱电灯开关，可自由移动的水壶，两个铰链柜和一个滑动柜门。通过模仿和强化学习，利用非结构化演示来引导分层学习过程来解决长期、多阶段的厨房任务，MuJoCo 仿真场景如图 1-4 所示。

图 1-4　基于 MuJoCo 的仿真环境学习复杂的、长期的操纵任务

Singh 等人[31]使机器人能够从少量的成功结果示例中进行学习，消除了对人工制定奖励规范的需求，无须手动设计奖励即可学习技能的高效实用方法。Sun 等人[32]利用视觉信息和机器人本体感受状态，采用深度强化学习训练来自主寻找预抓握操纵的控制策略。Liang 等人[33]提出了一种知识诱导的深度 Q 学习模型（KI-DQN），主动利用环境来推动物体从而实现抓取的方法。Shirin 等人[34]使用双重深度 Q 学习框架构建抓取 Q 网络训练机器人掌握抓取技巧，极大程度地提高了抓取成功率。

上述内容都展示出了深度强化学习应用在机器人领域的研究，用于解决不同操作技能的问题。本课题组提出了一种基于功用性图的目标推抓技能自监督学习方法，搭建了基于 AC 框架的深度强化学习自监督训练框架[35]，实现了推动与抓取任务的协同，更进一步地，基于最大熵理论和 DDPG 算法，提出了抓取与放置协同算法[36]。

1.3　国内外发展动态分析

家庭服务机器人工具认知和操作技能学习是当前服务机器人研究的重要热点问题，但该问题的解决还有很长的路要走。目前研究仍处于起步阶段，存在以下难点问题：

(1) 完整有效的工具语义知识表示模型尚待研究建立。必须明确，仅依靠表观特征的工具识别并不能达到自然交互、宜人服务级别的工具认知。近几年，Li Feifei 研究团队[37]和 Ashutosh Saxena 研究团队[38]几乎不约而同地指出，功用性是工具的重点语义属性。此外，对工具功用性的认知还需要参考其中部件功用性、部件空间位姿关系等诸多因素联合确定。受人类认知启发，研究工具表观特征与功能用途(功用性)等语义信息间的映射关系，构建包含更深层次语义信息的工具知识库，将是一种提升工具功用性认知水平的有效途径。

(2) 机器人工具操作的学习能力亟须提高。当前，机器人能够工作在流水线等固定环境，并对车间内简单工具进行重复操作，但这种简单环境下的重复作业往往需要借助标签告知或预编程方式由人设定。这种被动式操作方式一方面限制了机器人在自然家庭这类动态环境中的应用，另一方面，对机器人智能增长亦无推动。因此，对服务机器人日常家庭工具操作的主动学习方法亟待展开研究。

综上所述，服务机器人对工具的理解已由感知层面深化到认知层面，相关研究重点也已由对物理空间和表观特征空间的建模转移到语义空间下的静动态语义建模，但该方面研究刚刚开始，亟须展开进一步深入研究。综合国内外研究现状以及申请人课题组在工具功用性认知及人行为认知方面已展开的研究工作，本项目提出在自然家庭环境下，融入功用性认知的家庭服务机器人操作工具模仿学习的研究课题，对提升机器人工具认知深度、广度及操作技能主动学习方面所涉及的关键理论和方法展开综合性研究，并提出系统可行的服务机器人日常工具操作模仿学习解决方案。

1.4 本书所用特征

1.4.1 深度几何特征

本书根据深度图像计算功用性边缘检测模型对应的几何特征，其中平均曲率为微分几何中反映曲面弯曲程度的内蕴几何量，记为 f_{MC}，主曲率 (k_1, k_2)，$k_1 > k_2$，则 $f_{MC} = (k_1 + k_2)/2$。梯度幅值和方向梯度直方图特征是用来进行物体边缘检测的有效特征描述子。形状指数 SI 和曲度 CV 表征表面在不同方向的弯曲，体现人对形状的感知。形状指数 SI 和曲度 CV 的计算为：

$$SI = -\frac{2}{\pi}\arctan\left(\frac{k_1 + k_2}{k_1 - k_2}\right), CV = \sqrt{\frac{k_1^2 + k_2^2}{2}} \tag{1-1}$$

表面法向量是几何体表面的重要属性。本书从深度数据恢复 3D 点云，再从中估计出 3D 表面法向量，并去除样本块均值，使得视角变化时表面法向量特征鲁棒性更强。此外,针对密度分布变化大的点云数据离群点检测效果不佳的问题,本课题组提出了邻域密度约束的动态标准差阈值三维点云数据离群点检测方法[39],提高了检测方法的适应性。

高斯曲率同平均曲率一样是曲面论中重要的内蕴几何量,记为 f_{GC},则 $f_{GC}=k_1k_2$(k_1 和 k_2 为曲面上一个点的两个主曲率)。联合高斯曲率和平均曲率可以确定 8 种曲面类型:峰、脊、鞍形脊、最小面、平面、阱、谷和鞍形谷,有助于识别不同功用性的内部结构。

1.4.2　SURF 特征

SURF[40]算法是一种图像局部特征计算方法,基于物体上的一些局部外观的兴趣点而生成,对方向旋转、亮度变化、尺度缩放具有不变性,对视角偏移、仿射变换、噪声杂波也具有一定的稳定性。SURF 算法在保留了 SIFT 算法的优良性能的基础上,特征更为精简,在降低算法复杂度的同时提高了计算效率。与 SIFT 类似,SURF 特征提取过程分为构造高斯金字塔尺度空间、利用非极大值抑制初步确定特征点、精确定位极值点、选取特征点的主方向、构造特征点描述算子等步骤,篇幅所限,此处不再赘述。

1.5　本书所用网络

1.5.1　卷积神经网络

人工神经网络(Artificial Neural Networks,ANN)模拟生物神经系统的结构和行为,通过调整内部神经元之间的权重关系以达到处理信息的目的。Hubel 等人通过研究猫的脑视觉皮层,提出了“感受野”的概念。感受野(Receptive Field)是卷积神经网络每一层输出特征图(Feature Map)上的像素点在输入图片上的映射区域大小[41]。Fukushima 等人[42]基于感受野提出神经认知机和权重共享的卷积神经层,这成为卷积神经网络的雏形。LeCun 等人[43]将反向传播算法与权值共享的卷积神经层进行结合,卷积神经网由此诞生。

虽然随着卷积神经网络的快速发展,各种网络类型和相关算法也层出不穷,但他们的底层组成部件是大致相同的,了解卷积神经网络的相关知识对设计人体姿态估计网络起着至关重要的作用。

卷积神经网络由输入层、隐藏层以及输出层构成。其中,输入层可以处理多维数据，在这之前通常需要将学习数据进行标准化处理以提升学习效率和最终性能。在隐藏层中，由于权重系数仅包含在卷积层中，故而通常对卷积层和池化层进行交替设置。输出层则通过使用逻辑函数或归一化指数函数(Softmax Function)输出分类标签。

卷积神经网络所具备的局部区域连接、权值共享、池化三大结构特点，使得其在图像处理领域有着出色的表现。其中，局部区域连接和权值共享的特性很好地降低了权值数目，从而简化网络模型的复杂度。而通过池化操作则可以使神经网络学习到更多有用的高阶信息。

1.5.2 深度置信网络

受限玻尔兹曼机(Restricted Boltzman Machine, RBM)最早是由 Hinton 提出的，是生成式的神经网络模型，对训练数据的分布进行建模，在训练数据方面具有简单、快捷的优点。正是由于具有以上特点，通常用来构建不同的模型，在实际的应用中，可以用于降维、特征学习以及分类等。

由于该网络具有不需要大量标记训练数据的特点，因此非常适合处理实际问题，还可以构建其他多种模型，比如，自编码器、深度玻尔兹曼机、卷积玻尔兹曼机等。它的网络结构如图 1-5 所示。

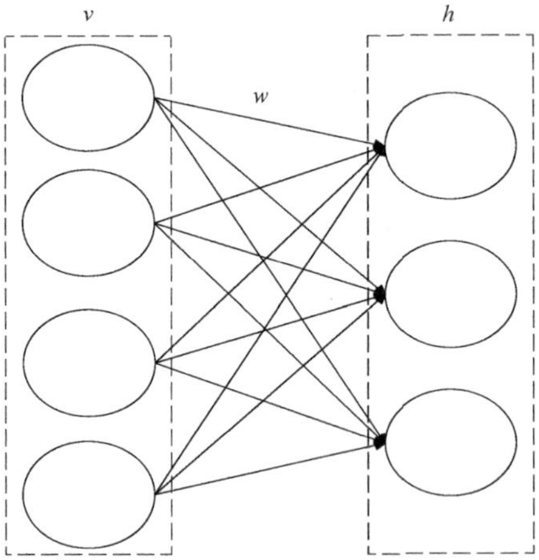

图 1-5　受限玻尔兹曼机的网络结构

可见层和隐藏层分别用 $v=\{0,1\}^D$ 和 $h=\{0,1\}^K$ 表示。可见层和隐藏层都包含多个单元，通常输入数据由可见层输入，两层间的联合能量函数为：

$$E(v,h)=-\sum_{i=1}^{D}\sum_{j=1}^{K}v_i w_{ij} h_j-\sum_{i=1}^{D}c_i v_i-\sum_{j=1}^{K}b_j h_j \tag{1-2}$$

式中，参数 w_{ij}、c_i、b_j 分别表示连接权重、可见层偏置、隐藏层偏置。

权重是受限玻尔兹曼机中重要的结构参数。

层间的联合分布由下式给出：

$$p(v,h)=\frac{1}{Z}\exp(-E(v,h)) \tag{1-3}$$

式中，Z 是归一化常数。

由上式可以看出，减少能量可以提高联合概率值。

隐藏层 h 和可见层 v 的条件分布如下：

$$p(h_j=1\mid v)=\sigma(\sum_i w_{ij}v_i+b_j) \tag{1-4}$$

$$p(v_i=1\mid h)=\sigma(\sum_j w_{ij}h_j+c_i) \tag{1-5}$$

式中，σ 为激活函数，且 $\sigma(s)=\dfrac{1}{1+\exp(-s)}$。

通过在公式(1-4)中将每个 h_j 设置成 1 来重构隐藏层，同理在公式(1-5)中将每个 v_i 设置成 1 来重构可见层。

通过使用对比散度来对权重进行更新。

权重定义为：

$$\Delta w_{ij}=\varepsilon(v_i h_{jdata}-v_i h_{jreconstration}) \tag{1-6}$$

式中，ε 是学习率，每个受限玻尔兹曼机都有一个学习率并且可以通过合适的学习率生成权重。

深度置信网络就是在受限玻尔兹曼机的基础上发展起来的，自从 Hilton 提出受限玻尔兹曼机相关概念后[44]，深度置信网络逐渐开始成为流行的深度学习网络之一，作为深度学习中经典、简单的学习算法，具有深度学习的优点，同时可以在普通配置的计算机上运行。深度置信网络对庞大数据具有更强的处理能力，对于结构复杂的数据集，具有良好的特征提取和适应能力，因此常用作特征提取。网络结构如图 1-6 所示，图中展示了具有 3 个受限玻尔兹曼机的结构。

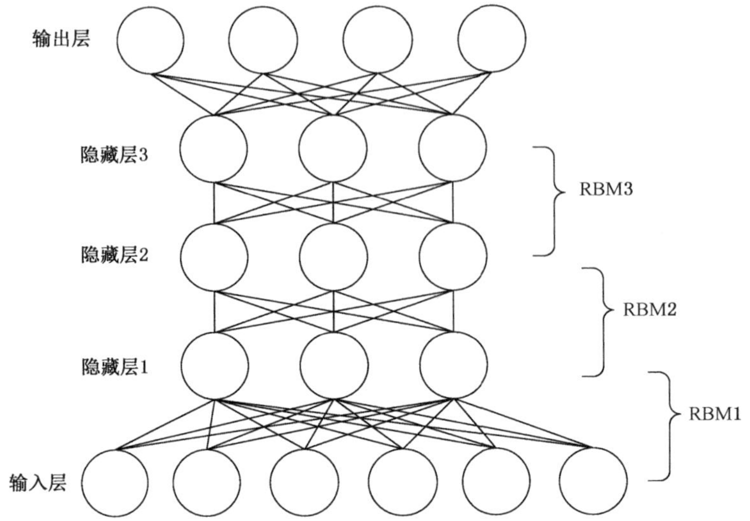

图 1-6　深度置信网络结构示例

1.5.3　长短时记忆网络

对于视频，其信息包括视频帧内的空间信息和视频帧间的序列关系。卷积网络在提取空间信息方面有出色的表现，但对于序列关系的抓取效果有些不足。循环神经网络(Recurrent Neural Network，RNN)作为一种捕捉序列关系的特殊神经网络，在序列关系抓取领域取得了优异的效果，但只在短序列上取得了较好效果，对于长序列，存在梯度消失和梯度爆炸的问题，导致不能捕捉到长序列的关系。针对梯度问题，LSTM[45]网络通过在 RNN 网络上增加门控结构，控制反向传播时的梯度更新，进而解决长序列中存在的长时间依赖问题。独特的网络结构使 LSTM 网络在长时间序列中取得理想的效果。LSTM 网络的细胞单元如图 1-7 所示，细胞为 LSTM 网络的核心部分，当前时刻的细胞融合了历史所有信息，合理利用细胞状态是 LSTM 网络的关键。

LSTM 网络能够捕捉长序列的关系的关键在于门控结构，门控的作用是通过计算有选择地删除或增加细胞状态的信息，使用点乘运算和 Sigmoid 激活函数决定。Sigmoid 函数是一种非线性激活函数，其输出值在 [0,1] 区间，不选择信息时值为 0，选择全部信息时值为 1，这个值的意义是选择多少比例的信息。

LSTM 结构中有遗忘门、输入门、输出门三个门控结构，通过特殊的交互来控制信息进出细胞，从而控制细胞的状态。如图 1-7 所示，为达到长时间关系的捕捉，细胞状态需在各个时刻中进行流转，贯穿整个网络。细胞的状态类似于火车。细胞的状态运行在火车轨道上，火车到站仅需上下行人，细胞状态也是如此，执行一些小的操作，如增加删除信息，并且信息可以轻松流经整个轨道而不会发生变化。

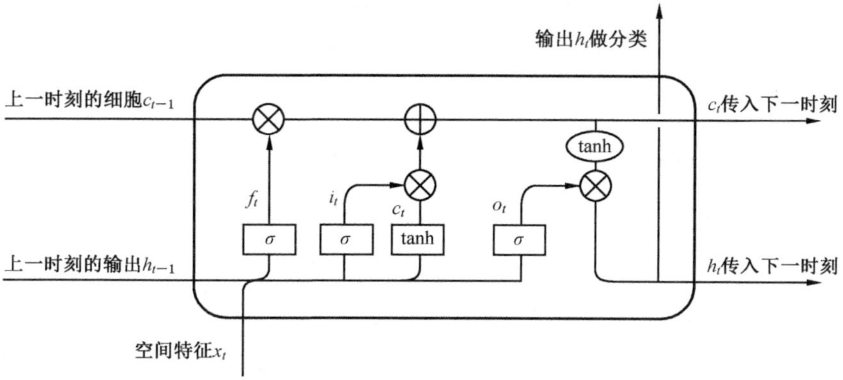

图 1-7　本书中的细胞单元

LSTM 网络抓取长时序的关系通过三个阶段实现，遗忘阶段作为第一阶段，其作用是从细胞状态中遗忘信息，选择性删除上一个节点的部分输入，具体而言，该决定由遗忘门来控制，是由上一时刻的输入 h_{t-1} 和当前时刻的输入 x_t 与权重相乘，加上偏置项，之后通过 Sigmoid 函数实现输出 0 和 1 之间的数字。如式(1-7)所示：

$$f_t=\sigma(W_{xf}x_t+W_{hf}h_{t-1}+b_f) \tag{1-7}$$

第二阶段是输入阶段，其目的是添加信息。简而言之，记下重要的信息。不重要的则少记一些。具体而言，通过输入门在细胞状态中存储信息。是由上一时刻的输入 h_{t-1} 和当前时刻的输入 x_t 与权重相乘，加上偏置项，通过 Sigmoid 函数决定了记忆部分信息。实现与遗忘门相似，如式(1-8)所示：

$$i_t=\sigma(W_{xi}x_t+W_{hi}h_{t-1}+b_i) \tag{1-8}$$

接下来通过 tanh 函数(将值规范化到−1 和 1 之间)选择候选信息，即当前的有效信息，然后通过输入门将当前有效数据输入细胞状态中。在将候选信息融入细胞状态时，需使用遗忘门将上一个细胞状态丢弃部分内容。之后对上一个细胞状态 c_{t-1} 进行更新，得到当前细胞的状态 c_t，如式(1-9)所示：

$$c_t=f_tc_{t-1}+i_t\tanh(W_{xc}x_t+W_{hc}h_{t-1}+b_c) \tag{1-9}$$

最后一个阶段是输出阶段，其功能是输出部分内容，即随机性地输出重要信息。具体而言，是由上一时刻的输入 h_{t-1} 和当前时刻的输入 x_t 与权重相乘，加上偏置项，由 Sigmoid 函数确定输出哪些内容，如式(1-10)所示。然后从细胞中选择当前节点的输出，如式(1-11)所示，o_t 表示输出门，激活函数 tanh 将当前细胞 c_t 状态激活，再由 o_t 决定输出信息，至此输出当前节点信息。

$$o_t = \sigma(W_{xo}x_t + W_{ho}h_{t-1} + b_o) \tag{1-10}$$

$$h_t = o_t \tanh(c_t) \tag{1-11}$$

1.5.4 生成对抗网络

生成对抗网络(Generative Adversarial Network，GAN)[46]是由 Goodfellow 等人提出的模型，近几年被广泛应用于深度学习中。GAN 的网络结构由生成器 G 和判别器 D 两部分构成。其网络结构如图 1-8 所示。

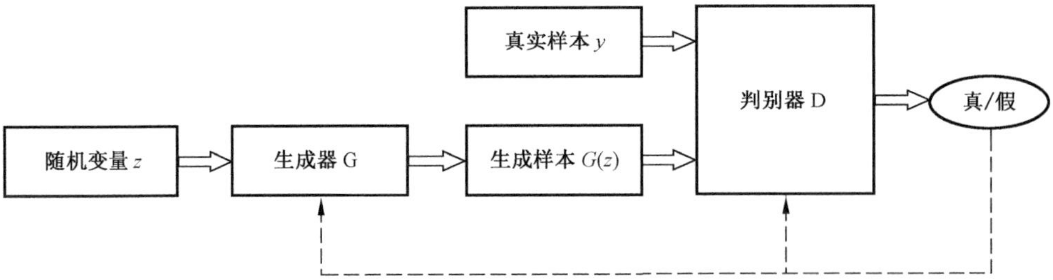

图 1-8 GAN 网络结构

生成器 D 的作用是接受随机变量 z 通过神经网络拟合成真实样本分布并生成伪数据分布，即生成样本 $G(z)$。随机变量 z 通常是一个高维的随机向量，且符合正态分布或均匀分布，随后被生成器映射成高维空间数据，生成样本 $G(z)$。判别器 D 的作用是判别输入的样本是真实样本的概率并与真实情况进行比较，当判别概率达到 50%时说明判别器不能判断真假，这时生成器 G 和判别器 D 达到纳什平衡。GAN 的目标函数如式(1-12)所示：

$$\min_G \max_D V(D,G) =$$

$$E_{x\sim P_{data}(x)}(\log D(x)) + E_{z\sim P_Z(z)}(\log(1-D(G(z)))) \tag{1-12}$$

1.6 本书所用算法

1.6.1 经典强化学习算法

对于无模型的强化学习方法，使用蒙特卡罗方法或者时间差分方法求解，采用策略评估或值函数评估改善训练情况，智能体与环境进行交互，利用过去的训练经验样本进行策略训练，以经验平均对策略值函数进行估计，从而得到最优的训练策略。

智能体的探索策略主要分为动作策略和评估策略，智能体根据动作策略采取动作，不断地探索环境，获得新的状态，积累训练样本。评估策略是对智能体所执行动作做出的反馈，从而使智能体不断学习进步。智能体在选择动作策略和评价动作好坏的策略采用相同的策略，称为同策略(on-policy)，行动策略和评估策略采用不同策策略时，称为异策略(off-policy)。

Sarsa 算法是强化学习经典的同策略(on-policy)算法，是一种使用时间差分方法求解强化学习问题的方法，Saras 算法的行动策略与评估策略均采用了 ε-greedy 策略。在迭代时，当前状态 s 采用 ε-greedy 策略选择动作 α，环境进入下一状态 s'，同时采用 ε-greedy 策略更新价值函数如公式(1-13)所示：

$$Q(s,a)=Q(s,a)+\alpha\left[r+\gamma Q(s',a')-Q(s,a)\right] \tag{1-13}$$

式中，α 是学习率，当状态为终止状态时，最终迭代训练得到最优策略。

Q-learning 算法也是使用时间差分方法求解强化学习问题的方法，与 Sarsa 算法不同，它是经典的异策略(off-policy)算法，Q-learning 算法在迭代更新时，其行动策略采用 ε-greedy 选择动作，而评估策略则采用贪婪策略对值函数进行计算，对于马尔科夫决策过程问题有限的状态空间和动作时，Q-learning 算法能够快速地学习一个最优的策略，Q-learning 计算公式如 (1-14)所示：

$$Q(s,a)=Q(s,a)+\alpha\left[r+\gamma\max_{a}Q(s',a')-Q(s,a)\right] \tag{1-14}$$

式中，α 是学习率，智能体在状态 s_t 执行动作 a_t 进入下一状态 s'，Q-learning 算法会考虑所有的动作，使用最大的值函数进行更新。

1.6.2 基于值函数的深度强化学习算法

DeepMind 利用深度神经网络的强大计算能力，在 Q-learning 算法中加入了神经网络，搭建了 DQN 算法，解决了 Q 表对大规模数据处理缓慢从而造成维度灾难的问题。DeepMind 使用端到端的神经网络处理游戏画面，从而学习到最优的策略，经过 DQN 算法训练的智能体，在 Atari 游戏测试中表现优异，堪比顶级游戏玩家水平，展示出了深度强化学习对复杂游戏任务的处理能力。DQN 算法将 Atari 游戏的原始图像作为高纬度的状态，经过神经网络计算之后输出每个动作最优 Q 值，智能体通过最大化动作值函数，不断地与环境交互，得到最优的动作策略，DQN 目标函数公式如(1-15)所示：

$$y_j = r_j + \gamma \max_{a'} Q(s', a'; \theta) \tag{1-15}$$

将带有网络参数 θ 的神经网络称为 Q 网络，使用 Q 网络对动作值函数进行拟合，通过最小化损失函数使 Q 值不断接近目标 y，损失函数计算公式如(1-16)所示：

$$L(\theta) = E\left[r + \gamma \max_{a'} Q(s', a'; \theta) - Q(s, a; \theta)\right]^2 \tag{1-16}$$

DQN 算法采用神经网络计算值函数，利用平方差损失函数计算值函数与目标函数的 loss，从而使神经网络不断学习去接近目标函数。DQN 算法将深度学习与强化学习结合在一起，从而使强化学习大放光彩，促进了强化学习的研究与发展。DQN 算法结构如图 1-9 所示。

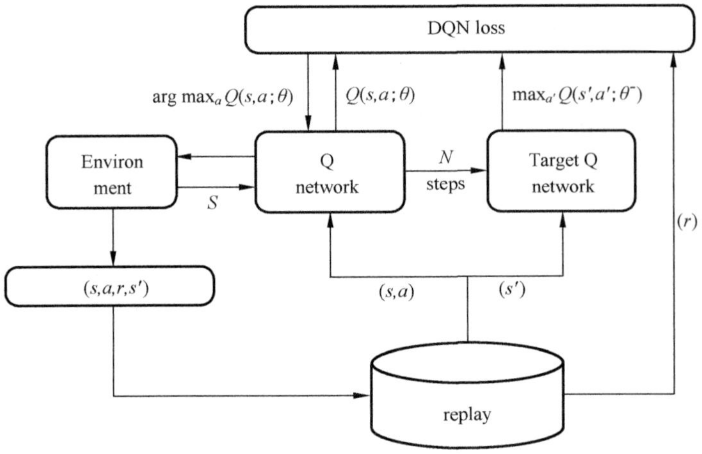

图 1-9 DQN 算法结构

(1) 神经网络强大的计算能力，可以更好地拟合 Q 值函数，有效解决了状态维度空间灾难。

(2) 经验回放(Experience Replay)技术，将训练过的样本放入经验池中，Q 网络通过对经验池随机采样选取训练数据进行学习，每次网络参数更新时从经验池中抽取数据进行更新，经验回放技术的引入，对历史数据进行重复训练，不仅提高了数据的利用率，也避免了数据之间的相关性，提高了网络的训练的稳定性。

(3) DQN 算法使用了目标网络（Target Network），目标网络与 Q 网络的结构一样，但是网络参数不一样，目标网络使用经验池中的网络参数，每经过 n 步迭代之后，更新目标网络参数，使用目标网络计算 Q 值，打乱当前 Q 值与目标 Q 值的相关性，提高了网络训练的收敛性，网络参数更新如公式(1-17)所示：

$$\theta_{t+1}=\theta_t+\alpha\left[r+\gamma\max_{a'}Q(s',a';\theta)-Q(s,a;\theta)\right]\nabla Q(s,a;\theta) \tag{1-17}$$

式中，θ 为网络参数；$r+\gamma\max_{a'}Q(s',a';\theta)$ 为 TD-Target，在一定时间内，目标网络的参数保持不变。

1.6.3　基于策略的深度强化学习算法

Sarsa、Q-learning 和 DQN 算法都是基于值函数的强化学习算法，DQN 使用神经网络计算每个状态对应的动作的 Q 值，根据 Q 值选择执行下一步动作，但是对处理连续的状态和动作效果不佳，无法解决随机策略的问题。而策略梯度（Policy Gradient）算法直接使用神经网络计算每个状态对应的动作或者动作的概率，在连续区间选择动作，最大化累计奖励的期望值。策略梯度的核心思想是针对智能体行动策略，采取梯度上升（下降）方法，用连续函数的优化方法，以最优化策略期价值来达到最优化策略参数的目标。

演员评论家（Actor-Critic）算法融合了策略算法和值函数算法，演员评论家算法包括 Actor 网络和 Critic 网络两个网络，Actor 网络使用策略 $\pi(\theta)$ 计算选择下一步动作，Critic 对 Actor 选择动作的好坏进行评估，评估的结果反馈给 Actor 网络，改变 Actor 的动作选择策略，Actor 的策略选择的奖励期望梯度如公式(1-18)所示：

$$\nabla J_\theta=\frac{1}{N}\sum_{i=1}^{N}\sum_{t=1}^{T}\nabla_\theta\log\pi_\theta(a_{i,t}\mid s_{i,t})\left(\hat{Q}(s_t,a_t)-\hat{V}(s_t)\right) \tag{1-18}$$

式中，$\hat{Q}(s_t,a_t)-\hat{V}(s_t)=\hat{A}(s_t,a_t)$ 称为优势函数。θ 表示 Actor 网络参数，更新 Actor 策略网络参数，网络参数更新如公式(1-19)所示：

$$\theta=\theta+\alpha\,\nabla_\theta\log\pi_\theta(s_t,a_t)A_w(s,a) \tag{1-19}$$

Q 函数近似计算公式如式(1-20)所示：

$$Q(s_t,a_t)\approx r(s_t,a_t)+V(s_{t+1}) \tag{1-20}$$

TD 误差计算公式如式(1-21)所示：

$$\delta=r(s_t,a_t)+V(S_{t+1})-V(s_t|w) \tag{1-21}$$

式中，δ 表示 TD 误差，Critic 采用均方误差计算估计 Q 值与实际 Q 值之间的误差，loss 计算公式如式(1-22)所示：

$$\text{loss}=\frac{1}{N}\sum_{n=1}^{N}\sum_{t=1}^{T}\left[r_t^n+\max Q_{\pi(\theta)}(s_{t+1}^n,a_{t+1}^n)-Q_{\pi(w)}(s_t^n,a_t^n)\right]^2 \tag{1-22}$$

AC 算法采用单步更新的方式对 Actor 网络参数和 Critic 网络参数进行更新，网络模型训练速度比传统的策略梯度算法有所提高，有效地解决了连续动作的选取问题，同时使用时间差分的方法进行单步更新，使得整个算法训练稳定。但 Actor 的策略选择取决于 Critic 的评价，Critic 计算梯度方差过大时，容易造成局部最优，导致 AC 算法陷入局部最优解，Actor 和 Critic 难以收敛，AC 算法结构如图 1-10 所示。

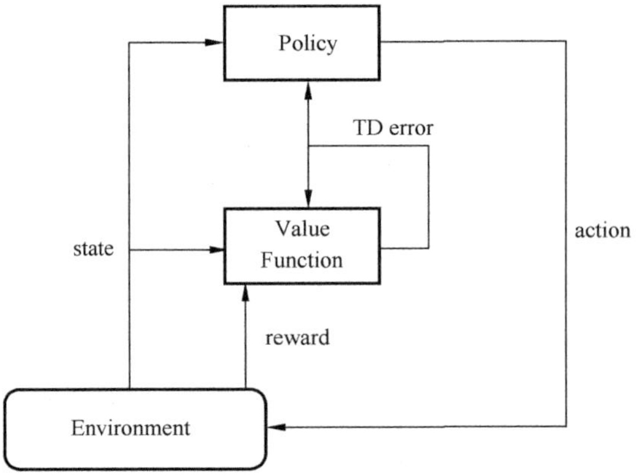

图 1-10　AC 算法结构

DDPG 算法是采用了 Actor-Critic 的框架，融合了 DQN 算法的优点，使用神经网络对动作值函数和确定性策略进行拟合逼近，DDPG 算法使用双网络结构能够有效解决值函数收敛问题。DDPG 的网络结构主要包含基于 Acotr 当前网络和目标网络和基于 Critic 的当前网络和目标网络，Actor 的当前网络为策略网络，策略网络用于对动作选择的训练，当前的状态 s 根据策略 $\pi(s;\theta^\mu)$ 选择执行动作，当前环境改变，状态更新，同时得到相对应的奖励值，Actor 目标网络从经验池中对下一状态和下一动作进行采样，网络参数采用 N 步更新 $\theta^{\mu}{}'=\theta^\mu$。在动作选择时增加一定的噪声，加入噪声的动作计算公式如式(1-23)所示：

$$a_t = \mu(s_t \mid \theta^\mu) + N_t \tag{1-23}$$

Critic 当前网络计算当前状态-动作价值 $Q(s,a,w)$，网络参数 w 迭代更新，目标值的计算公式如式(1-24)所示：

$$y_t = r_t + \gamma Q'(s_{t+1}, \mu'(s_{t+1} \mid w^{\mu'}) \mid w^{Q'}) \tag{1-24}$$

Critic 目标网络计算下一状态-动作值函数 $Q'(s',a',w')$，网络参数采用 N 步更新 $w'=w$。

Critic 最小损失函数计算公式如式(1-25)所示：

$$L = \frac{1}{N}\sum\nolimits_i (y_i - Q(s_i, a_i \mid w^Q))^2 \tag{1-25}$$

更新 Actor 策略网络，网络梯度更新公式如式(1-26)所示：

$$\nabla_{\theta^\mu}\mu \mid s_i \approx \frac{1}{N}\sum_i \nabla_a Q(s,a \mid \theta^Q)\mid_{s=s_i,a=\mu(s_i)} \nabla_{\theta^\mu}\mu(s \mid \theta^\mu)\mid_{s_i} \tag{1-26}$$

深度确定性策略梯度(DDPG)算法能够有效地解决连续空间的动作选择问题和演员评论家算法训练难收敛问题，DDPG 算法在一些自动驾驶、机器人控制等任务中有着广泛的应用。

1.6.4 注意力机制

注意力机制在自然语言处理、计算机视觉等领域有着广泛的应用，这里介绍关于视觉有关的注意力机制。注意力机制的提出，符合人类自身的感知机制，在神经网络加入注意力机制有效提高了网络模型性能。注意力机制的本质是关注感兴趣的地方，即在模型中关注特征映射的重点部分，增强特征映射的表示能力。注意力机制分为两种主要形式：软注意力和硬注意力。软注意可以看作是对一个神经单元的权重进行归一化，而硬注意可以看作是可见注意更加关注点，它选择一个明显的区域作为输入图像。软注意机制能够更好地关注空间和通道等方面的特征信息，在深度学习中有着广泛的应用。

在计算机视觉中，软注意力机制主要分为三个方面：空间注意力模型、通道注意力模型和混合注意力模型。空间注意力就是将注意力集中在某个空间维度的位置上，并将相关的权重分配给图像中的每个像素，提取关键信息，在网络中其权重的形式是一个 $H \times W$ 的二维矩阵形式。通道注意力集中在感兴趣的特征图上，学习选择重要的通道特征维度，并且为每个通道分配网络权重，表示通道与关键信息的相关度，相关度越高，对此通道的关注也越高，在网络中其权重的形式为一维向量。混合注意力模型即空间注意模块和渠道注意模块可以并行或顺序组合，将空间注意力和通道注意力优势互补，既保留了空间的关键信息，又拥有对网络中每个通道关注度的优势。

1.7 本书所用数据集

1.7.1 UMD RGB-D Part Affordance 工具功用性数据集

尽管目前存在有各种各样的 RGB-D 数据集供研究使用，但大多数是用于实例和类别级别的分类，属性学习或特定的机器人抓握点等方向的研究。为了更好地探索和识别工具的功用性，本书主要使用 UMD RGB-D Part Affordance 数据集。该数据集是由马里兰大学的 A. Myers 等人首先提出的，它重点关注家庭日常工具部件和与之对应的功用性，考虑到家庭任意工具部件都是一个具有多重功能的表面集合，通常认为工具表面有效功用性都来自与它接触物体的直接影响。

比如，马克杯一般具有两个功用性部件，内表面和外表面，杯子内表面的有效功用性为盛，因为它接触到了盛放的液体，而杯子外表面的有效功用性为抓，因为它可以被人或机器人用手抓住。一把刀也具有两个功用性部件，分别为刀刃和刀柄，刀刃的功用性为切，刀柄的功用性为抓。

该数据集提供像素级的功用性标签，主要包括厨房、车间和园艺工具在内的 105 种工具。数据集选用其中 17 个工具类别、7 种功用性进行相关研究，并使用 Kinect 传感器采集数据，以此来收集 RGB 图像信息和深度图像信息，分辨率为 640×480 像素。将工具放在匀速旋转的转盘上，平均每 300 帧对图像进行记录，产生超过 30 000 个 RGB-D 图像对。其中，超过 10 000 张图像具有真实的功用性标签，除此以外，用三个大约 1 000 个 RGB-D 帧的序列作为补充数据集。RGB-D Part Affordance 数据集中包含有具有手工标记的真实标签以及多个功用性排名标签。7 种功用性总结如表 1-1 所示。

表 1-1　7 种功用性总结描述

功用性	描述
抓(grasp)	可以用手包围(手柄)
切(cut)	用于分离物体(刀片)
舀(scoop)	带有用于收集柔软材料的嘴的弯曲表面(勺子)
盛(contain)	带有深腔以容纳液体(碗内)
敲(pound)	用于敲击其他物体(锤头)
支撑(support)	能够容纳松散的扁平部件(刮刀)
包抓(wrag-grasp)	可以用手和手掌握住(杯子外表面)

事实上,家庭日常工具一般具有复杂的结构和种类,每种功用性都可能来自不同种类、不同外观的工具部件。除此以外,同一家庭工具可能会有多种功用性部件,例如,具有功用性"切"的物体就有厨房刀具、车间锯和花园剪刀等,而一把刀同时具有"切"和"抓"的功用性。在图 1-11 中,展示了 RGB-D Part Affordance 数据集中的部分家庭日常工具对象,其中包括碗、杯子、锤子、马克杯等多种工具种类。

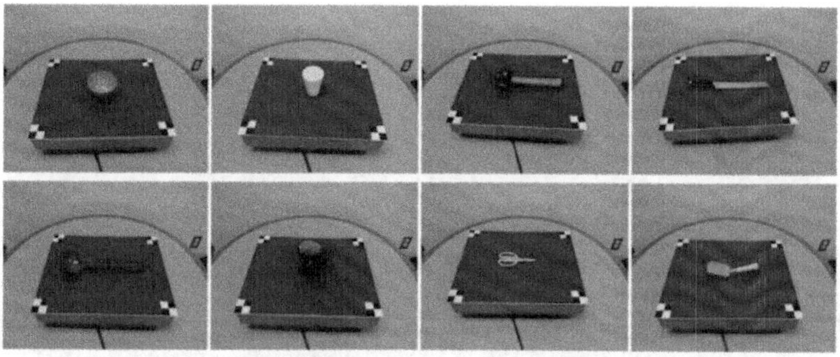

图 1-11　RGB-D Part Affordance 数据集中部分对象实例

图 1-12 表示部分家庭日常工具部件功用性区域,我们用不同颜色对这些工具部件的功用性进行标注:其中红色表示功用性 grasp、蓝色表示功用性 cut、粉红色表示功用性 scoop、白色表示功用性 contain、黄色表示功用性 pound、蓝色表示功用性 support、绿色表示功用性 wrag-grasp。

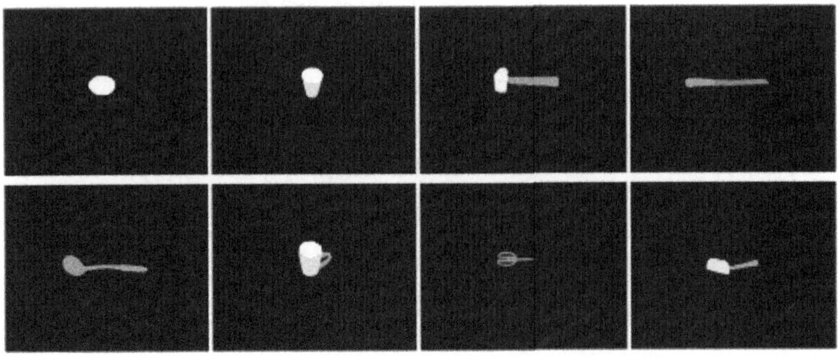

图 1-12　部分对象实例对应的功用性区域标记(后附彩图)

从图 1-12 中,我们可以看出一种家庭工具通常会具有不同的功用性部件,而同一种功用性也会来自不同的工具。比如,一个马克杯具有三种不同的功用性部件,对应的功用性分别是 contain、wrap-grasp 和 grasp。而具有功用性 contain 的工具包括碗、杯子和马克杯等。

以功用性 contain 为例,图 1-13 展示了包含功用性 contain 的各种工具及其对应的功用性区域。分别对碗、杯子、马克杯、花盆和勺子五种工具进行了功用性 contain 的检测,并得到了相应的检测区域。

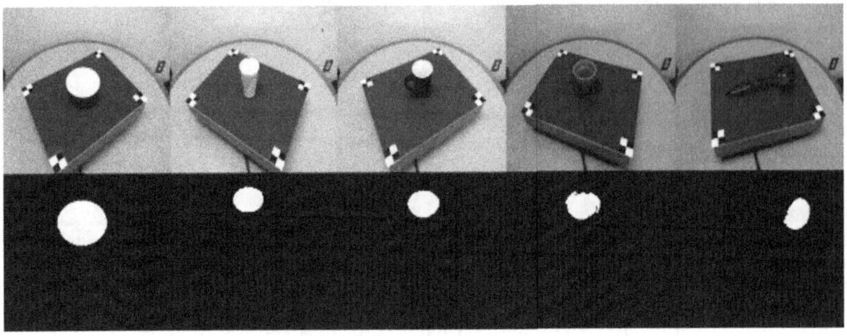

图 1-13　包含功用性 contain 的工具及其对应的功用性区域

1.7.2　EvTouch-Containers 和 EvTouch-Objects 触觉数据集

实验选用的是目前比较完备的家庭工具部件和容器功用性数据集 EvTouch-Objects 和 EvTouch-Containers。

EvTouch-Objects:该数据集包括来自 36 个对象类别的触觉数据(见图 1-14 左)。在这些对象中,26 个是来自 YCB 家庭工具数据集[47]的对象,其余 10 个对象是可形变对象，作为对 YCB 数据集的一种补充。收集触觉数据的过程是：机器人抓手抓住物体，将其从桌子上抬起 20 cm，然后放回桌子上。收集从举起物体到释放物体这段时间内数据（≈5 s）。对于每个对象类别，收集了 20 个样本，总共 720 个样本。

EvTouch-Containers：该数据集包括四个容器的触觉数据：一个咖啡罐、一个塑料苏打瓶、一个豆奶盒和一个金属金枪鱼罐（见图 1-14 右）。这些容器的最大体积分别为 250 g、400 g、300 g 和 140 g。每个容器分别装满{0%，25%，50%，75%，100%}最大量的水，产生 20 个分类。在数据收集过程中，机器人抓手抓住每个容器把它抬离桌子 5 cm。利用抓取物体期间收集的数据，将其举起并保持一段时间（总共约 6.5 s）。总共 300 个样本（每个分类 15 个样本）。

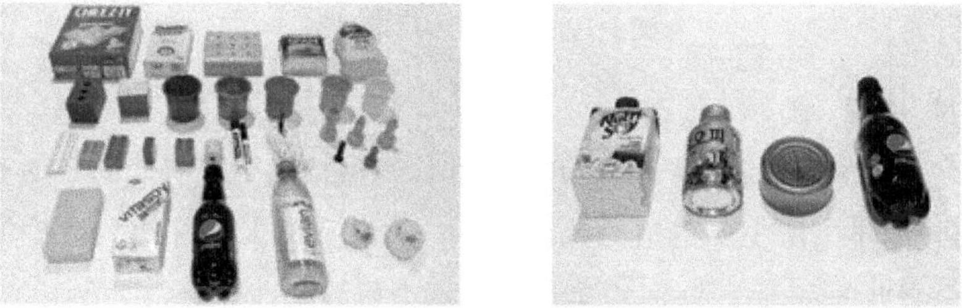

图 1-14　EvTouch-Containers 和 EvTouch-Objects 工具对象

1.7.3　Scene 15 室内功能区数据集

本书采用 Scene 15 数据集，针对家庭服务机器人室内服务环境分类问题验证所提出的模型的性能。该数据集收集了包括室内和室外共 15 种场景，室内场景有卧室（bedroom）、厨房（kitchen）、客厅（living room）、办公室（PAR office）、商店（store）5 种场景。考虑到家庭服务机器人工作于室内环境，故在该数据集中的 5 种室内场景上检验本书提出的模型的性能。该数据集的 5 种室内场景数据中，每种场景都包含 200 多张不同格局布置的图像，是目前研究室内场景分类判别问题比较理想的数据集。本书每种场景分别选取 40 张图像作为训练集，20 张图像组成测试集，5 种场景的示例图片如图 1-15 所示。

图 1-15　5 种室内场景示例

1.8　本章小结

本章介绍了家庭服务机器人基于功用性认知的技能学习研究的目的和意义，国内外研究进展，本书所主要采用的特征、网络、算法和数据集等相关基础知识，这些内容是全书展开的基础性描述，也是后面各章中所涉及内容的先期介绍。

参考文献

[1] 吴培良，隰晓珺，杨霄，等. 一种基于联合学习的家庭日常工具功用性部件检测算法[J]. 自动化学报，2019，45(5)：985-992.

[2] Stark L，Bowyer K. Function-based generic recognition for multiple object categories[J]. CVGIP：Image Understanding，1994：59(1)：1-21.

[3] Yin C C，Zhang Q J，Ren W Q. A new semantic edge aware network for object affordance detections[J]. Journal of Intelligent and Robotic Systems：Theory and Applications，2022，104(1)：1-16.

[4] 吴培良，何犇，孔令富. 一种基于部件功用性语义组合的家庭日常工具分类方法[J]. 机器人，2017，39(6)：786-794.

[5] Mahmudul H，Dharmaratne A. Attribute based affordance detection from human-object interaction images[C]//Proceedings of the Image and Video Tech-

nology - PSIVT Workshops,Springer Verlag,2017:220-232.

[6] Redmon J,Angelova A. Real-time grasp detection using convolutional neural networks[C]//Proceedings of IEEE International Conference on Robotics and Automation (ICRA),IEEE,2015:26-30.

[7] Ardon P,Pairet E,Petrick R,et al. Learning grasp affordance reasoning through semantic relations[J]. IEEE Robotics and Automation Letters,2019,4(4):4571-4578.

[8] Myers A,Teo C L,Fermuller C,et al. Affordance detection of tool parts from geometric features[C]//Proceedings of IEEE Conference on Robotics and Automation,IEEE,2015:1374-1381.

[9] Markus S,Florentin W. Bootstrapping the semantics of tools:affordance analysis of real world objects on a per-part basis[J]. IEEE Transactions on Cognitive and Developmental Systems,2016,8(2):84-98.

[10] Deng S,Xu X,Wu C,et al. 3d affordancenet:A benchmark for visual object affordance understanding[C]//Proceedings of the IEEE/CVF Conference on Computer Vision and Pattern Recognition, IEEE Computer Society, 2021:1778-1787.

[11] 吴培良,付卫兴,孔令富.一种基于结构随机森林的家庭日常工具部件功用性快速检测算法[J].光学学报,2017,37(2):155-165.

[12]吴培良,何犇,侯增广.基于空间金字塔池化特征的日常工具分类识别[J].控制与决策,2019,34(7):1481-1486.

[13] Lazebnik S,Schmid C,Ponce J. Beyond bags of features:Spatial pyramid matching for recognizing natural scene categories[C]//Proceedings of IEEE Conference on Computer Vision and Pattern Recognition,IEEE,2006:2169-2178.

[14] Dong B,Ren G. A new scene classification method based on spatial pyramid matching model[J]. Journal of Information and Computational Science,2015:12(3):1073-1080.

[15] Zou Z,Liu W,Xing W. AdaNFF:A new method for adaptive nonnegative multi-feature fusion to scene classification [J]. Pattern Recognition, 2022

(123):108402.

[16] Antunes A,Jamone L,Saponaro G,et al. From human instructions to robot actions:Formulation of goals,affordances and probabilistic planning[C]//2016 IEEE International Conference on Robotics and Automation (ICRA). IEEE,2016:5449-5454.

[17] 吴培良,李亚南,杨芳,等.一种基于CLM的服务机器人室内功能区分类方法[J].机器人,2018,40(3):188-194.

[18] Lenz I,Lee H,Saxena A. Deep learning for detecting robotic grasps[J]. The International Journal of Robotics Research,2015,34(4-5):705-724.

[19] Morrison D,Corke P,Leitner J. Closing the loop for robotic grasping:A real-time,generative grasp synthesis approach[J]. Robotics:Science and Systems XIV,2018:1-10.

[20] Redmon J, Angelova A. Real-time grasp detection using convolutional neural networks[C]// Proceedings of 2015 IEEE International Conference on Robotics and Automation (ICRA). IEEE,Seattle,WA,USA,2015:1316-1322.

[21] Kumra S,Joshi S,Sahin F. Antipodal robotic grasping using generative residual convolutional neural network[C]//2020 IEEE/RSJ International Conference on Intelligent Robots and Systems (IROS). IEEE,2020:9626-9633.

[22] Liu X,Huang P F,Liu Z X. A novel contact state estimation method for robot manipulation skill learning via environment dynamics and constraints modeling[J]. IEEE Transactions on Automation Science and Engineering,2022.

[23] Satish V,Mahler J,Goldberg K. On-policy dataset synthesis for learning robot grasping policies using fully convolutional deep networks[J]. IEEE Robotics and Automation Letters,2019,4(2):1357-1364.

[24] Li Y,Schomaker L,Kasaei S H. Learning to grasp 3d objects using deep residual u-nets[C]//Proceedings of 29th IEEE International Conference on Robot and Human Interactive Communication (RO-MAN). IEEE,Virtual Meeting,2020:781-787.

[25] Zeng A,Song S,Yu K T,et al. Robotic pick-and-place of novel objects in

clutter with multi-affordance grasping and cross-domain image matching[C]//Proceedings of 2018 IEEE International Conference on Robotics and Automation. IEEE, Brisbane, Australia, 2018: 3750-3757

[26] Camacho A, Varley J, Zeng A, et al. Reward machines for vision-based robotic manipulation[C]//2021 IEEE International Conference on Robotics and Automation (ICRA). IEEE, 2021: 14284-14290.

[27] Gu, S X, Holly E, Lillicrap T, et al. Deep reinforcement learning for robotic manipulation with asynchronous off-policy updates[C]//Proceedings of IEEE international conference on robotics and automation (ICRA). IEEE, Singapore, 2017: 3389-3396.

[28] Kalashnikov D, Irpan A, Pastor P, et al. QT-Opt: Scalable deep reinforcement learning for vision-based robotic manipulation [C]//Proceedings of CORL, 2018.

[29] Quillen D, Jang E, Nachum O, et al. Deep reinforcement learning for vision-based robotic grasping: A simulated comparative evaluation of off-policy methods[C]//Proceedings of 2018 IEEE International Conference on Robotics and Automation (ICRA). IEEE, 2Brisbane, Australia, 2018: 6284-6291.

[30] Gupta A, Kumar V, Lynch C, et al. Relay Policy Learning: Solving Long-Horizon Tasks via Imitation and Reinforcement Learning[C]//Conference on Robot Learning. PMLR, arXiv, 2020: 1025-1037.

[31] Singh A, Yang L, Hartikainen K, et al. End-to-End Robotic Reinforcement Learning without Reward Engineering[J]. Proceedings of 15th Robotics: Science and Systems, MIT Press Journals, 2019.

[32] Sun Z, Yuan K, Hu W, et al. Learning pregrasp manipulation of objects from ungraspable poses[C]//Proceedings of 2020 IEEE International Conference on Robotics and Automation (ICRA). IEEE, Virtual Conference, 2020: 9917-9923.

[33] Liang H, Lou X, Choi C. Knowledge induced deep Q-network for a slide-to-wall object grasping[J]. arXiv preprint arXiv: 1910. 03781, 2019: 1-7.

[34] Joshi S, Kumra S, Sahin F. Robotic grasping using deep reinforcement

learning[C] // Proceedings of 2020 IEEE 16th International Conference on Automation Science and Engineering (CASE). IEEE,Virtual Meeting,2020:1461-1466.

[35] 吴培良,刘瑞军,毛秉毅,等.一种基于功用性图的目标推抓技能自监督学习方法[J].机器人,2022:190.

[36] Wu P,Zhang Y,Li Y,et al. A Robot Pick and Place Skill Learning Method Based on Maximum Entropy and DDQN Algorithm[C]//Journal of Physics: Conference Series. IOP Publishing,2022(1):12-63.

[37] Zhu Y,Fathi A,Li F. Reasoning about object affordances in a knowledge base representation[C]//Proceedings of European Conference on Computer Vision,Springer Verlag,2014:408-424.

[38] H S Koppula,A Saxena. Physically grounded spatio-temporal object affordances[C]// Proceedings of European Conference on Computer Vision,Springer Verlag,2014:831-847.

[39] 杨永涛,张坤,黄国言,等.邻域密度约束的动态标准差阈值三维点云数据离群点检测方法[J].计算机辅助设计与图形学学报,2018,30(6):1034-1045.

[40] Na Y,Liao M M,Jung C. Super-speed up robust features image geometrical registration algorithm[J]. IET Image Processing,2016,10(11):848-864.

[41] Han L,Xing Y,Steele H,et al. Terminal arborizations of itch-sensing neurons exhibit large receptive field in the skin and regionally specific organization in the spinal cord[J]. Journal of Investigative Dermatology,2020.

[42] Ming Z,Xuqing W,Jun T,et al. Attentive multi-stage convolutional neural network for crowd counting[J]. Pattern Recognition Letters,2020(135):279-285.

[43] Lecun Y,Boser B,Denker J,et al. Backpropagation applied to handwritten zip code recognition[J]. Neural Computation,1989,1(4):541-551.

[44] Hinton G E,Osindero S,Teh Y W. A fast learning algorithm for deep belief nets[J]. Neural Computation,2006,18(7):1527-1550.

[45] Hochreiter S,Schmidhuber J. Long short-term memory[J]. Neural Computation,1997,9(8):1735-1780.

[46] Goodfellow I, Pouget-Abadie J, Mirza M, et al. Generative adversarial nets[C] //Proceedings of Advances in Neural Information Processing Systems, Neural information processing systems foundation, 2014: 2672-2680.

[47] Shrestha S, Orchard G. SLAYER: spike layer error reassignment in time [C]//Proceedings of Advances in Neural Information Processing Systems, Neural information processing systems foundation, 2018: 1412-1421.

第2章　基于语义 Mask R-CNN 的家庭日常工具功用性部件检测

2.1　引言

工具的使用标志着人类文明的开端，认知工具功用性是使用工具的前提。认知科学研究表明，人类对工具的功用性认知是一个过程，在这个过程中，各种感觉器官主要使用立体视觉来获取工具的结构信息。工具功用性部件信息由大脑处理并有机组合以表示工具[1]。在人类认知过程中，工具的模型通常是通过学习（聚类和监督学习的思想）相似工具的功用性语义特征来构建起来的。功用性语义特征信息可以提供比名称或空间位置更有意义的语义描述；它在人类活动中发挥着重要作用，深刻影响人们的理解和互动。

在机器人研究中，机器智能的发展一直在模仿人类智能。服务机器人工具理解研究经历了两个阶段，即感知阶段和认知阶段。在感知阶段，工具表示主要基于底层特征，如颜色、纹理和深度。在这个阶段提取的特征适用于工具检测和定位。然而，由于缺乏对物体和场景语义的考虑，机器人无法以与人类相同或相似的方式识别服务环境，难以与人进行自然交互并获得满意的服务。在认知阶段，考虑对象的中层和高层语义信息。通过将这种语义信息添加到传统的感知信息中，机器人有望建立模拟人类认知过程的工具功用性部件认知能力。

机器人与工具及其功用性部件的空间位姿关系可以通过各种传感器来获取和分析，但语义层面的信息往往需要通过语义标签来获取。然而，机器人很难在自然环境中获得语义标签。近年来，基于推理和学习的工具功用性认知方法逐渐出现[2-4]。特别是随着 Optrima 和 Kinect 等传感器的出现，快速、低成本的 3D 数据采集成为可能，在工具功用性部件检测方面产生了新的研究成果。迈尔斯等人[5]使用结构化随机森林(SRF)和基于超像素的层次匹配追踪(S-HMP)来检测常用家用工具的 7 个功用性部件，即抓取、切割、舀、包含、磅、支撑和包裹抓取。基于本体和语义，Worgotter[6]构建了 6 个组件原语来描述工具的功用性部件，包括包含、剪切、命中、钩子、戳和筛选。

在本研究中，我们引入人类自下而上的认知模式，在底层特征空间，构建工具功用性部件的边缘特征表示，在高级语义空间，构建功用性语义组合的工具表示和模型。此外，研究了不同工具的功用性分类和相似性评估。

2.2　系统框架

本章基于深度学习框架中的掩模区域卷积神经网络(Mask R-CNN)来构建工具功用性组件检测模型。Mask R-CNN 准确检测图像中的目标，并为每个实例生成高质量的分割结果。此外，由于模型训练中提供了像素级的标注，可以获得足够的信息，并且可以精确地对目标和背景进行分类。因此，Mask R-CNN 算法提供了很高的准确度。

获取工具功用性部件的检测模型分为离线训练阶段和在线检测阶段。所提出方法的框架如图 2-1 所示。

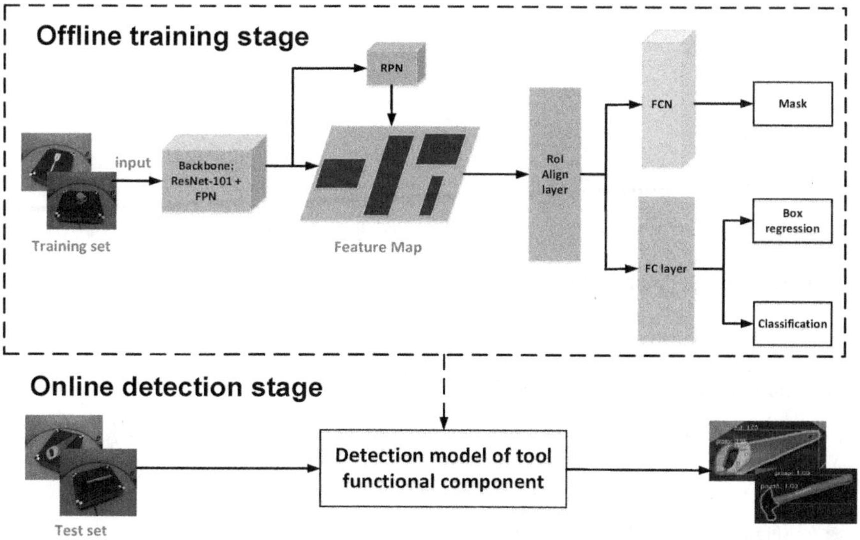

图 2-1　基于语义 Mask R-CNN 的家庭日常工具功用性部件检测系统框架

(1) 线下训练阶段。首先,我们对训练图像进行深度卷积操作,提取目标图像的特征图。我们使用区域提议网络(RPN)将原始图像划分为多个锚框,并进行分类和回归分析以获得高分的感兴趣区域(RoI)。其次,我们在特征图上执行两个操作。一是将特征提取阶段得到的相应大小的特征图输入全连接的神经网络中进行分类和回归。二是将特征图输入 Mask 分支模块中,对特征图进行像素分类,得到分割结果。最后,通过训练获得工具功用性部件的最终检测模型。

(2) 在线检测阶段。我们将目标图像输入训练好的检测模型中。从深度卷积网络和 RPN 中得到相应的特征数据,输入不同的网络模块,如全连接神经网络和 Mask 网络,得到测试结果。

2.3 工具功用性部件检测器

Mask-R-CNN 框架用于检测和定位常见家用工具的功用性部件,以方便家庭服务机器人对工具的识别。

Mask R-CNN 的损失函数定义为:

$$L = L_{class} + L_{box} + L_{mask} \tag{2-1}$$

式中,$L_{class} + L_{box}$ 的定义方式与 Faster R-CNN 中的相同,$L_{class} + L_{box}$ 定义为:

$$L_{class} + L_{box} = \frac{1}{N_{cls}} \sum_{i} L_{cls}(p_i, p_i^*) + \frac{1}{N_{box}} \sum_{i} p_i^* L_1^{smooth}(t_i - t_i^*) \tag{2-2}$$

$$L_{cls}(\{p_i, p_i^*\}) = -p_i^* \log(1 - p_i^*) - (1 - p_i^*)\log(1 - p_i^*) \tag{2-3}$$

L_{mask} 是平均二元交叉熵损失:

$$L_{mask} = -\frac{1}{m^2} \sum_{1 \leqslant i,j \leqslant m} [y_{ij} \log y_{ij}^{\ k} + (1 - y_{ij})\log(1 - y_{ij}^{\ k})] \tag{2-4}$$

Mask-R-CNN 检测框架有一个 MASK 模块,用于对象检测和功用性部件分割,并对工具的功用性部件进行分类。

系统模型基于 Faster-R-CNN 的概念,也是一个两级检测器。第一阶段是创建投资回报率的 RPN。第二阶段包括第一阶段提出的 RoI 中的特征提取和随后的三步处理,即分类、边界回归和分割。两个阶段的特征由底层骨干网络提取并共享以提高预测速度。

在离线训练阶段,使用以下模块对输入图像进行若干处理操作:

(1) Backbone Network:ResNet 网络用于提取输入图像的特征,得到整幅图像的特征图。

(2) Feature Pyramid Networks (FPN):FPN 网络用于提取不同层次的目标特征;大目标检测深度特征,小目标检测浅特征。

(3) Region Proposal Network(RPN):采用滑动窗口策略,将原图分割成多个 anchors。对所有 anchor 进行分类和边界框回归,提取得分最高的 RoI。进行非极大值抑制,将结果输入 RoI Align Layer 进行特征提取。

(4) Region of Interest (ROI) Align:RPN 选择的 RoI 中的特征是从骨干网络提出的特征图中提取出来的(浮点位置的值是通过非线性插值得到的),固定获得每个 RoI 的 size 特征图。

(5) 分类回归:对 RPN 选择的 RoI 进行分类,进行 bounding box 坐标回归。分类模块使用 Softmax 激活函数。

(6) 分割:Mask 网络分支使用 FCN 网络将每个 RoI 分割成 K 个输出单元,大小为 m^2,K 为类别数,m 为模块的长宽。每个类别对应一个分割模块(以最小化分割任务中类别之间的竞争)。Sigmoid 激活函数用于每个像素。

2.4 主干网络

ResNet 具有残差网络结构。由于网络层的深度,ResNet 提供了高精度。ResNet 的结构如图 2-2 所示。ResNet50 包含 50 个卷积操作和 4 个残差块。

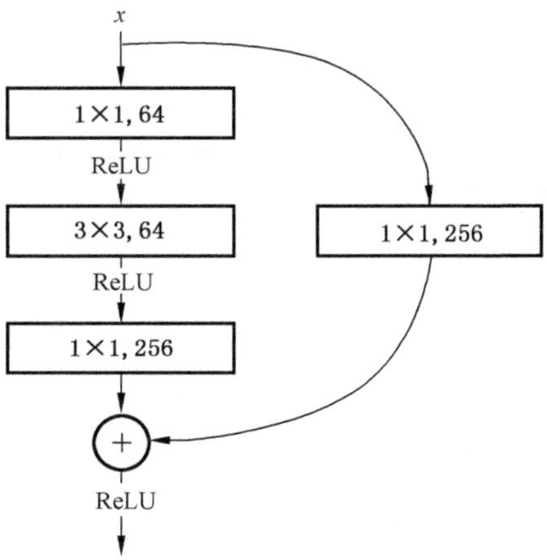

图 2-2　ResNet 的网络结构

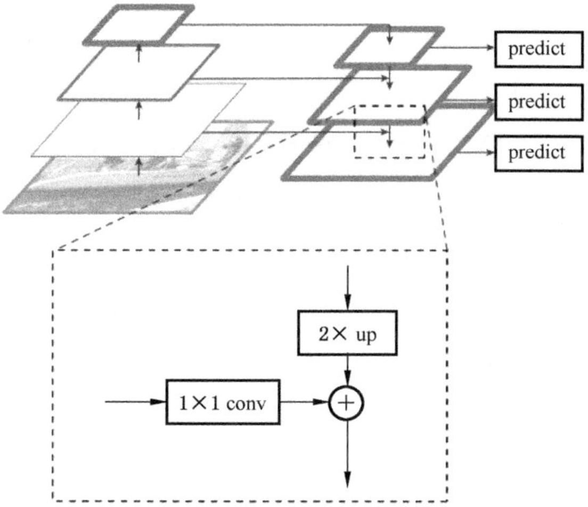

图 2-3　FPN 的网络结构

ResNet 与 FPN 结合用于多尺度检测。FPN 是一种设计良好的多尺度检测方法。FPN 由三种类型的连接组成：自下而上、自上而下和水平连接，其示意图如图 2-3 所示。该结构整合了各个层次的特征，以获得足够的语义和空间信息。

特征提取网络 ResNet50＋FPN 如图 2-4 所示，将图像信息输入残差网络进行特征提取，将 FPN 和 ResNet 结合起来进行多尺度特征提取。

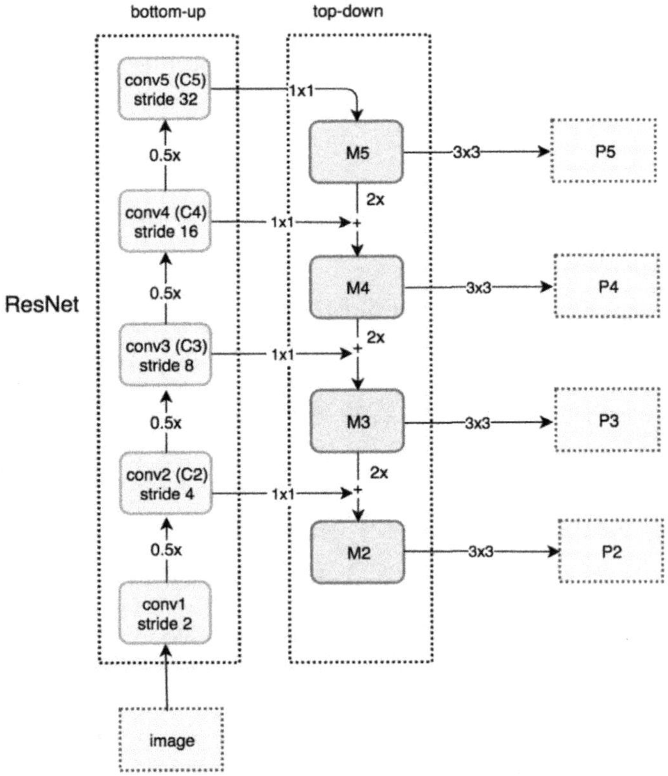

图 2-4　ResNet50＋FPN 的网络结构

2.5　Mask 分支

本书中 coarse-to-fine 阈值是指边缘检测器对图像检测得到的概率图中目标区域与干扰性区域的临界值，用以从概率图中筛选出目标区域。阈值过低，检测过程易受到图片噪声影响而多选中非目标区域；反之，阈值过高，在处理复杂场景时则会误滤除部分目标区域。鉴于此，本书提出 coarse-to-fine 阈值，对功用性边缘检测结果区域进行阈值滤波，旨在尽可能准确地得到目标功用性区域。

对功用性检测结果进行评估可以区分不同阈值的筛选质量。这里采用文献[5]中介绍的 F_β^ω-*measure* 评估方法，该方法综合考虑噪声点的概率值大小和到正确目标功用性区域的距离，对筛选出目标区域（功用性检测结果区域）的质量评估更为客观，有助于找到更为准确的阈值。

如前所述，每种功用性分别对应一个功用性边缘检测模型，同样地，针对不同的边缘检测模型选取不同的 coarse-to-fine 阈值，其算法描述如下：

输入：训练数据集中的 m 幅 RGB-D 图像。

输出：阈值 $t=(t_1,\cdots,t_7)$。

步骤 1：利用功用性边缘检测器依次对 m 幅图像进行某种功用性的边缘检测得到其概率图，在一系列阈值（取值从 0 到 1，每次增量为 0.01）下获取目标区域。

步骤 2：用工具部件功用性检测器对步骤 1 得到的区域进行功用性检测。

步骤 3：对步骤 2 的检测结果进行 F_β^ω-*measure* 评估，取 m 幅图像 F_β^ω-*measure* 评估平均值记为 F_β^ω，这样得到不同阈值与 F_β^ω 值的对应关系，取最大 F_β^ω 值所对应的阈值即为此种功用性区域检测的阈值 t_i。

步骤 4：重复步骤 1 到步骤 3，完成其他功用性区域检测的阈值选取。

与传统的 Faster-R-CNN 相比，这个系统模型使用 ResNet101＋FPN 作为特征提取网络，达到 state-of-the-art 性能的效果。此外，我们使用 ROIAlign 代替 RoI-Pooling 来改进池化操作。采用插值过程（引入，通过双线性插值到 14×14，然后 pooling 到 7×7）最小化，很大程度上解决了直接采样只通过 pooling 造成的错位问题。最后，我们添加 Mask 分支来实现语义分割。Mask-R-CNN 框架定义了使用多任务损失、总损失（L）、分类损失（L_cls）、预测框损失（L_box）和掩模损失（L_maks）。分类损失定义为交叉熵损失函数，回归分支损失函数定义为 SmoothL1 损失函数，分割分支损失函数定义为平均二元交叉熵损失。损失函数的示意图如图 2-5 所示。

Mask-R-CNN 是在 Faster-R-CNN 的基础上进行的，但是特征提取使用了 Res-Net-FPN 架构，并且增加了 Mask 预测模块。Mask-R-CNN 和 Faster-R-CNN 框架之间存在三个主要区别：

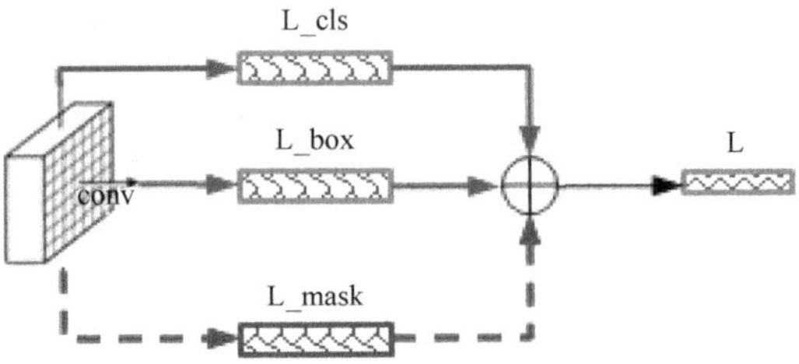

图 2-5 Mask R-CNN 的损失函数

(1) 基础特征提取网络采用改进的 ResNet-FPN 结构，多层特征图有利于多尺度物体和小物体的检测。

(2) 提出了 RoI Align 方法来代替 RoI Pooling。由于 RoI Pooling 有两次取整操作，提取的特征偏离初始回归位置；这种情况称为错位，会影响检测和分割任务的准确性。因此，Mask-R-CNN 不使用舍入操作，而是保留所有浮点数。它通过双线性插值得到多个采样点的值，并对多个采样点的值进行最大池化操作，得到最终值。

(3) 获得 RoI 的特征后，加入 Mask 模块进行分类回归，预测像素类别。

2.6 实验

2.6.1 数据集选择

本实验使用马里兰大学(UMD)Part Affordance 数据集[5]，该数据集是目前工具功用性部件比较完整的数据集。收集了包括厨房和园艺工具在内的 17 种家用工具的 RGB-D 信息，即车刀、抹子、嫩化器、勺子、铲子、剪刀、锯子、锅、杯子、木槌、锤子和碗。每个工具都收集了近 300 个不同的视角，总共有 30 000 多组 RGB-D 数据已经生成，并且大约 1/3 的工具已做好功用性标记。

2.6.2 模型训练和损失函数

本实验使用 Pytorch 框架，其基本代码来自 Facebook Research 的 Mask R-CNN Benchmark[7]。在本实验中，我们使用预训练的 ResNet-10150 模型进行初始化，预训练的权重是使用 Mask-R-CNN 在 COCO 数据集上的训练权重。我们实验中使用的 GPU 是具有 10 GB 内存的 NVIDIA TITAN Xp。训练和测试图像的大小为 768×768。在训练过程中，batch size 设置为 2，初始学习率设置为 0.002 5，权重衰减设置为 0.000 1。最大迭代次数设置为 72 000。整个训练过程需要 10 个小时。

训练过程中得到的各种损失曲线如图 2-6 所示。图 2-6(a)表示总损失 L 的曲线,图(b)表示分类损失 L_{class} 的曲线,图(c)表示曲线预测框损失 L_{box},图(d)为训练过程中 Mask 分支损失 L_{mask} 的曲线。最小化 Mask-R-CNN 中损失函数 L,$L_{class}+L_{box}+L_{mask}$ 的值,通过训练优化模型使得损失函数最小化,得到最合适的工具功用性部件预测模型。将训练好的模型用于预测和分析测试数据。

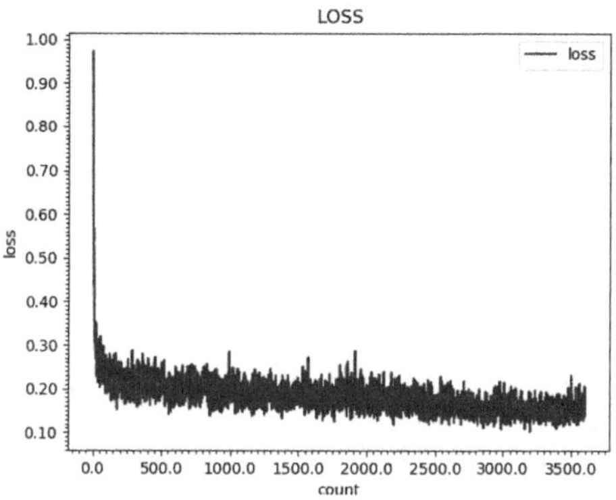

(a) 总损失

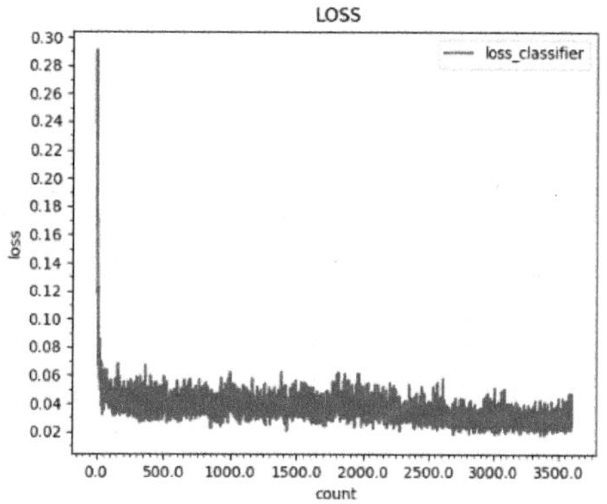

(b) 分类损失

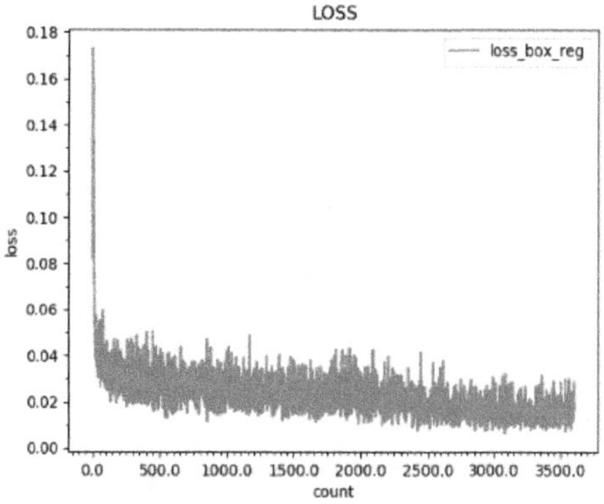

(c) 曲线预测框损失

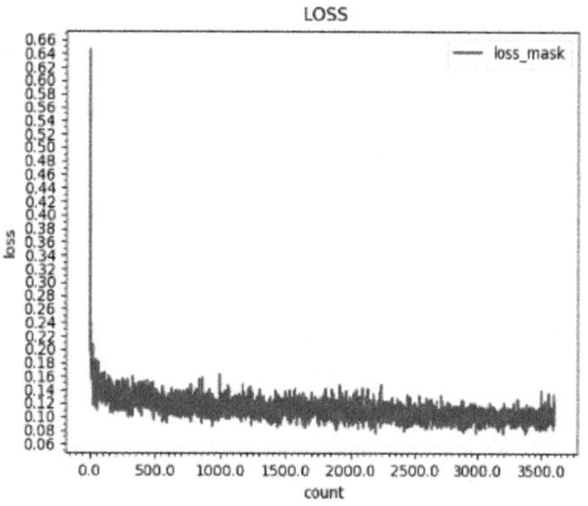

(d) 分支损失

图 2-6　损失曲线

2.6.3　实验结果分析

在本研究中,工具数据集中 20 186 张图像中的 80% 作为训练集,20% 作为测试集。模型性能评价指标为平均精度(mAP)。各功用性部件模型在测试集上的 AP(IoU=0.50)如表 2-1 所示。

表 2-1　Mash-R-CNN 模型的检测精度和分割精度

type	Bbox	segm
Grasp	0.793 1	0.815 5
Cut	0.937 5	0.958 6
Scoop	0.997 3	0.997 3
Contain	0.988 6	0.988 6
Pound	0.992 5	0.973 5
Support	1.000 0	1.000 0
Wrap-grasp	1.000 0	1.000 0
mAP	0.958 4	0.962 2

测试结果表明，该模型准确地检测了工具部件的功用性，mAP 超过 90%。因此，该模型适用于家庭服务机器人检测常见的家用工具。

我们使用传统的机器学习算法和基于深度学习的检测算法来检测常见家用工具的功用性部件。基于深度学习框架 Mask-R-CNN 的组件检测算法精度高于传统机器学习算法，如基于 SRF 的功用性部件检测算法。但是，前者比后者需要更多的计算资源。不同方法的检测精度列于表 2-2。

表 2-2　不同方法的检测精度

Type	Proposed method	SRF	S-HMP	SRF+ coarse-to-fine	RGB-D part-based
Grasp	0.815	0.314	0.367	0.554	0.50
Cut	0.958	0.285	0.373	0.224	0.57
Scoop	0.997	0.412	0.415	0.573	0.37
Contain	0.988	0.635	0.810	0.605	0.68
Pound	0.973	0.429	0.643	0.511	0.23
Support	1.000	0.481	0.524	0.489	0.49
Wrap-grasp	1.000	0.666	0.767	0.787	0.36

图 2-7 中，图(a)显示了文献[2]的检测结果，图(b)显示了文献[8]的检测结果，图(c)显示了本节所提出方法的实验结果。在图(a)中，工具的功用性部件从左到右依次为包含、切割、抓握、敲、铲、支撑和包裹抓握。如果该工具具有此功用性，则该位置会在检测结果中突出显示。在图(b)中，功用性与图(a)中的相同。背景颜色为蓝色，目标部件为红色，其他功用性部件为黄色。如图(c)所示，铲子、锤子、汤勺、水

果刀、杯子和铲子(从左到右)等工具的所有功用性部件都被正确检测到。检测结果描述了功用性部件实例的分割结果及其分类、边界和置信度分数。可以看出,所提出的算法比其他两种算法表现出更高的准确性,并且在实用性方面具有优势。

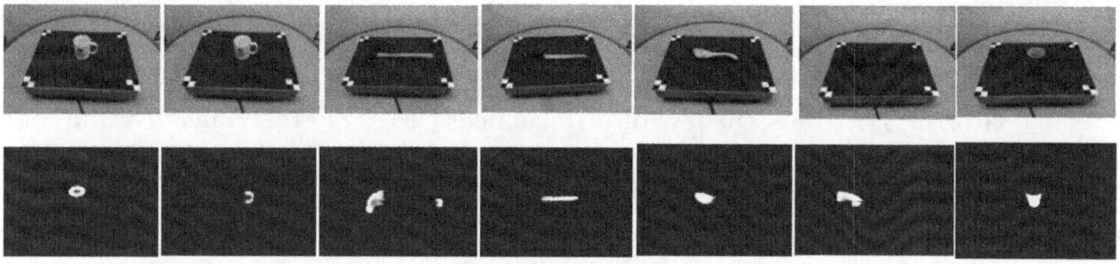

(a) 文献 [2] 的检测结果

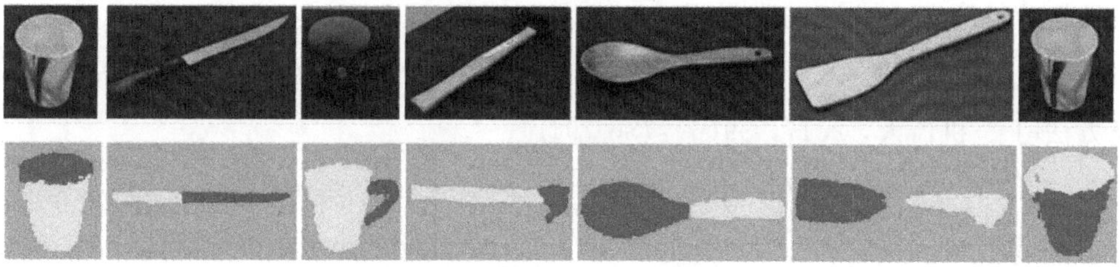

(b) 文献 [8] 的检测结果

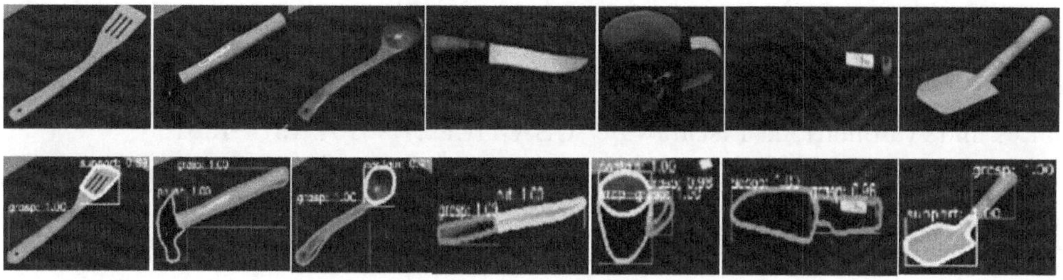

(c) 本节方法的检测结果

图 2-7　不同算法的工具功用性部件检测与分割结果(后附彩图)

2.7　本章小结

本章研究重点关注家庭服务机器人对工具功用性部件的认知,直接目的是使服务机器人认知该工具的功用性等语义信息,最终目的是使机器人学习工具的正确使用方法。因此,本章提出了一种使用 Mask-R-CNN 网络检测常用工具功用性部件的方法,该方法从 ResNet+FPN 网络层提取特征,使用 RPN 层和 RoI Align 层对目标帧进行分类和回归,并获得全卷积后分割区域的语义模块,进行上采样检测各种工具的功用性部件。该算法的网络训练中使用的多任务损失函数包括分类损失、目标框回归损失和掩码分割损失。在学习过程中损失函数的值不断减小，直到得到全局最优解。

参考文献

[1] Gibson JJ. The theory of affordances[M]//Perceiving, Acting, and Knowing: Toward an Ecological Psychology. Hillsdale, USA: Erlbaum Associates, 1977: 67-82.

[2] 吴培良，付卫兴，孔令富. 一种基于结构随机森林的家庭日常工具部件功用性快速检测算法[J]. 光学学报，2017，37(2)：155-165.

[3] 吴培良，何犇，孔令富. 一种基于部件功用性语义组合的家庭日常工具分类方法[J]. 机器人，2017，39(6)：786-794.

[4] Chen W B, He C, chen W Z, et al. A new semantic-based tool detection method for robots[C]// Proceedings of International Journal of Computers Communications & Control, 2021.

[5] Myers A, Teo C L, Fermuller C, et al. Affordance detection of tool parts from geometric features[C]//Proceedings of IEEE International Conference on Robotics and Automation. Piscataway, USA: IEEE, 2015: 1374-1381.

[6] Schoeler M, Worgotter F. Bootstrapping the semantics of tools: Affordance analysis of real world objects on a per-part basis[J]. IEEE Transactions on Cognitive and Developmental Systems, 2016, 8(2): 84-98.

[7] Torres R N, Fraternali P, Romero J. ODIN: An Object Detection and Instance Segmentation Diagnosis Framework[C]//European Conference on Computer Vision, Springer Science and Business Media Deutschland GmbH, 2020: 19-31.

[8] Lakani S R, Rodríguez-Sánchez A J, Piater J. Towards affordance detection for robot manipulation using affordance for parts and parts for affordance[J]. Autonomous Robots, 2019, 43(5), 1155-1172.

第3章 基于轻量化 MobileNet 的家庭日常工具功用性分类

3.1 引言

机器视觉是机器人系统中重要不可或缺的一个重要组成部分，其中基于视觉的工具检测、分类等研究逐渐应用到服务机器人中[1]。如何更智能地认知和分类日常工具的功用性，继而提供共融式宜人化服务，成为服务机器人研究的重要内容[2]。

近几年，深度神经网络得到了迅速发展，卷积神经网络（Convolutional Neural Network）作为深度神经网络的一种，在计算机视觉、自然语言处理及语音处理等领域有着出色的表现。这完美的性能得益于神经网络模型参数和深度的成倍增加。卷积神经网络随着层数的增加，错误率有所降低，但同时其计算复杂度和存储资源需求等随之上升。这是网络模型很难应用在机器人等存储容量和计算能力有限的移动端的一个主要原因。因此，如何保证全精度卷积神经网络模型的性能不变或者在变化较少的情况下，减少网络模型的存储空间和计算量，已经成为亟须解决的重要问题。因此，研究一种轻量级功用性检测网络对于服务机器人走向实用化具有重要的工程应用价值和研究意义。

针对轻量化网络设计，文献[3]提出 Inception V3，该方法将一个二维卷积拆分为两个相对较小的卷积，如将 7×7 卷积拆分成 1×7 和 7×1 卷积，从而可以降低参数量；同年，文献[4]提出的 SqueezeNet 是采用 1×1 卷积核代替 3×3 卷积核，有效减少了输出特征图的通道数。文献[5]提出轻量级卷积网络 MobileNet，在尽量保证检测精度相当的基础上，减少该网络的参数量和计算量。

为了使家庭常用工具的功用性分类识别在家庭服务机器人上有较好的性能表

现，本章采用 MobileNet V2 轻量级卷积神经网络对深度网络模型进行压缩，并对样本数据进行特征提取；利用全连接层网络进一步提取 MobileNet V2 网络输出数据的特征，并且把特征提取阶段连接到 Softmax 分类器，最终实现对家庭常用工具的分类识别。实验结果表明，MobileNet V2 网络算法识别准确率更高，并且在保证检测精度的前提下，明显地降低了模型复杂程度，更加适用于家庭服务机器人的系统平台，能够实时、准确、高效地识别家庭常用工具[6]。

3.2 系统架构

本章要实现对家庭常用工具及其功用性进行分类识别，且模型部署在家庭服务机器人上，由于机器人平台硬件资源有限，因此对模型的复杂度有一定的要求。本节采用轻量级网络 MobileNet V2 搭建模型，能进一步加速卷积网络在移动端的应用，能够有效地提高目标检测的实时性。

本章采用基于 MobileNet V2 和 Softmax 分类器的家庭工具识别检测流程框架如图 3-1 所示。首先对输入的训练集和测试集进行预处理，然后传入 Inverted Residual Block，在 Expansion Layer 中将低维特征使用 1×1conv+ReLU 升维，而后在 DW 中使用 3×3conv+ReLU 对特征进行滤波，并使用 1×1conv+Linear 对特征再降维，得到本层特征的输出，并进行 element wise 的相加，接着根据分类类别数目输入特定大小的全连接层网络，最后采用 softmax 层实现分类，并将模型集成到家庭服务机器人平台上。

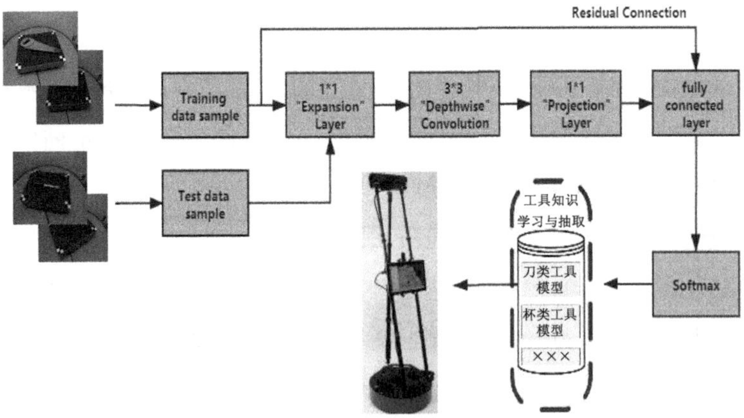

图 3-1　整体流程框架图

3.3　深度可分离卷积

MobileNet 相比于传统神经网络使用了深度可分离卷积(Depthwise Separable Convolutions)的卷积方式。深度可分离卷积,顾名思义,是一种卷积可分离操作,将传统卷积方式分解为两部分,经过理论及实验证明,该卷积方式显著降低了网络参数从而可以做到大幅提高计算效率。深度可分离卷积包含深度卷积(Depthwise Convolution)和点卷积(Pointwise Convolution)两个操作,如图 3-2 所示。

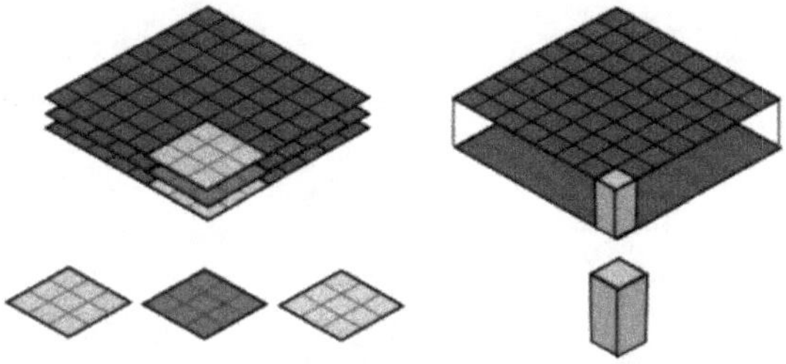

图 3-2　左:深度卷积;右:点卷积

普通卷积的卷积核是作用在所有的输入通道上,然而 Depthwise Convolution 不同,它对于不同的输入通道采用不同的卷积核。其中的 Pointwise Convolution 与普通卷积的卷积核相同,只是采用 1×1 大小的卷积核。深度可分离卷积将以往普通卷积操作同时考虑通道和区域改变(卷积先只考虑区域,然后再考虑通道),实现了通道和区域的分离,虽然深度可分离卷积网络将卷积过程分成了两步,但凭借其轻量的卷积方式,总体计算量大约是标准卷积的 1/9,极大地减少了卷积过程的计算量。常规卷积和深度可分离卷积流程结构如图 3-3 所示。

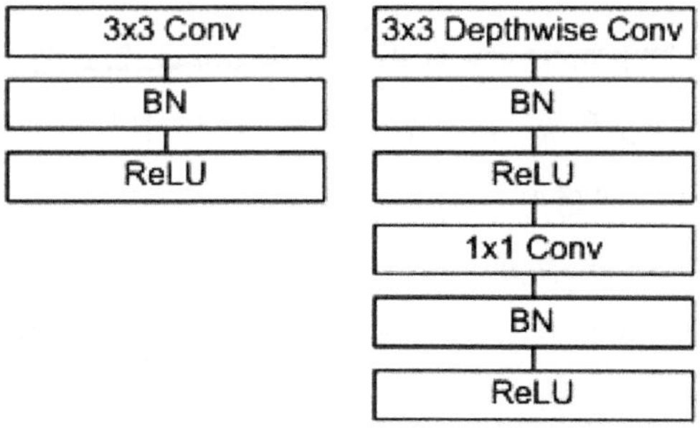

图 3-3　左:常规卷积;右:深度可分离卷积

3.4　MobileNet 网络

MobileNet 是 Google 提出的一种高效的网络模型,主要是为了解决庞大模型参数复杂、速度过慢的问题。相比于传统卷积神经网络，该方法提出了一种被称为深度可分离卷积的结果用以替代传统卷积方式，并利用参数因子控制卷积核的大小，该策略有效减少了网络参数使得性能获得大幅提升。

MobileNet 网络的核心就是深度可分离卷积网络。从图 3-4 可以看出，MobileNet 网络首先按照通道进行计算按位相乘的计算，此时通道数不改变；然后依然得到将第一步的结果，使用 1×1 的卷积核进行传统的卷积运算，此时通道数可以进行改变。

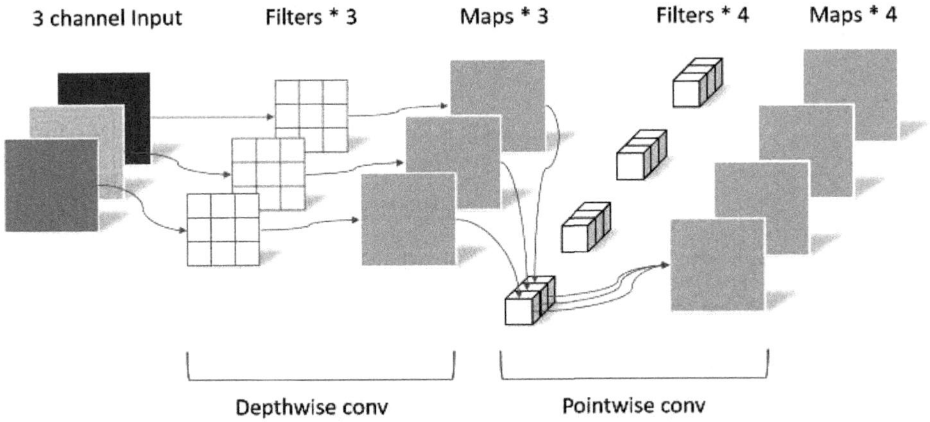

图 3-4　MobileNet 网络流程结构图

如图 3-5 中左图所示，MobileNet V1 网络零引用深度可分离的结构牺牲了较小的精度，带来了计算量与网络层参数的大幅降低，从而大大减小了模型的大小，方便应用于移动端。但其也有自身结构带来的缺陷，模型结构较为复古，采用了与 VGG-Net 类似的卷积简单堆叠，没有采用残差、特征融合等先进的结构，且深度分解卷积各通道相互独立，卷积核维度较小，特征输出中只有较少的输入特征。针对以上缺点，MobileNet V2 网络则吸收了残差网络的思想。如图 3-5 中右图所示，相比于 MobileNet V1 网络与传统的残差结构，MobileNet V2 网络具有特定的 Inverted Residual Block 结构，这种结构在卷积处使用了 1×1 卷积来升维，在计算量增加不大的基础上获取更好的效果，最后再利用 1×1 卷积来降维。同时，网络去除了 ReLU6，深度可分离卷积得到的特征对应于低维空间，特征较少，如果后续界线性映射则能够保留大部分特征，而如果接入非线性映射，则会破坏特征，造成特征的损耗，从而使得模型效果变差。

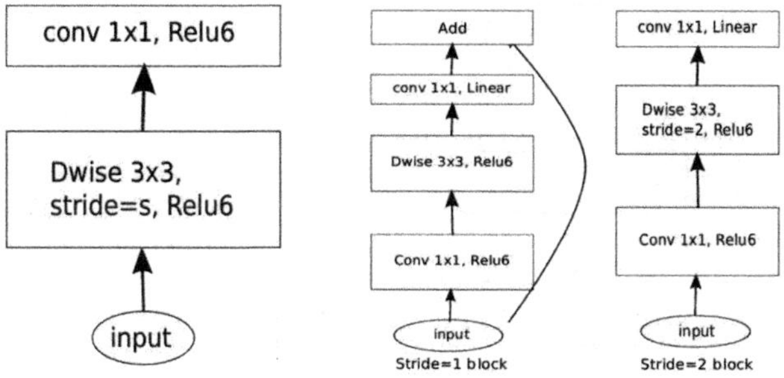

图 3-5 左:MobileNet V1 的网络结构;右:MobileNet V2 的网络结构

3.5 模型训练与集成

3.5.1 模型训练

在实现对家庭常用工具分类的任务前,需要对模型中的各参数进行训练。本次模型参数的训练过程的流程图如图 3-6 所示。

搭建好分类模型之后,开始进行训练。在训练过程中,每隔 1 000 次训练验证一次模型,验证模型的目的是及时保存最优模型。

3.5.2 模型集成

ROS 平台通过定义节点来表示应用程序,不同节点之间通过预先定义的会话、服务或行为来实现彼此的通信。实现家庭常用工具识别检测模型的 ROS 平台集成,需建立目标检测节点以及网络连接方式。首先创建 detect_ros 目标检测节点,该节点中包含训练好的目标检测模型文件、目标对象的标签文件以及 PyTorch 的 Object Detection API 库。节点实时地订阅由摄像头驱动发布的包含图像场景信息的会话,以获得原始图像信息,之后通过调用 OpenCV 库的 cv_bridge 模块将图像信息转化为 OpenCV 数据格式,再使用目标检测模型对 OpenCV 格式的图像数据进行推理,最后将推理的结果实时地发布会话,订阅该会话即可查看目标检测结果。

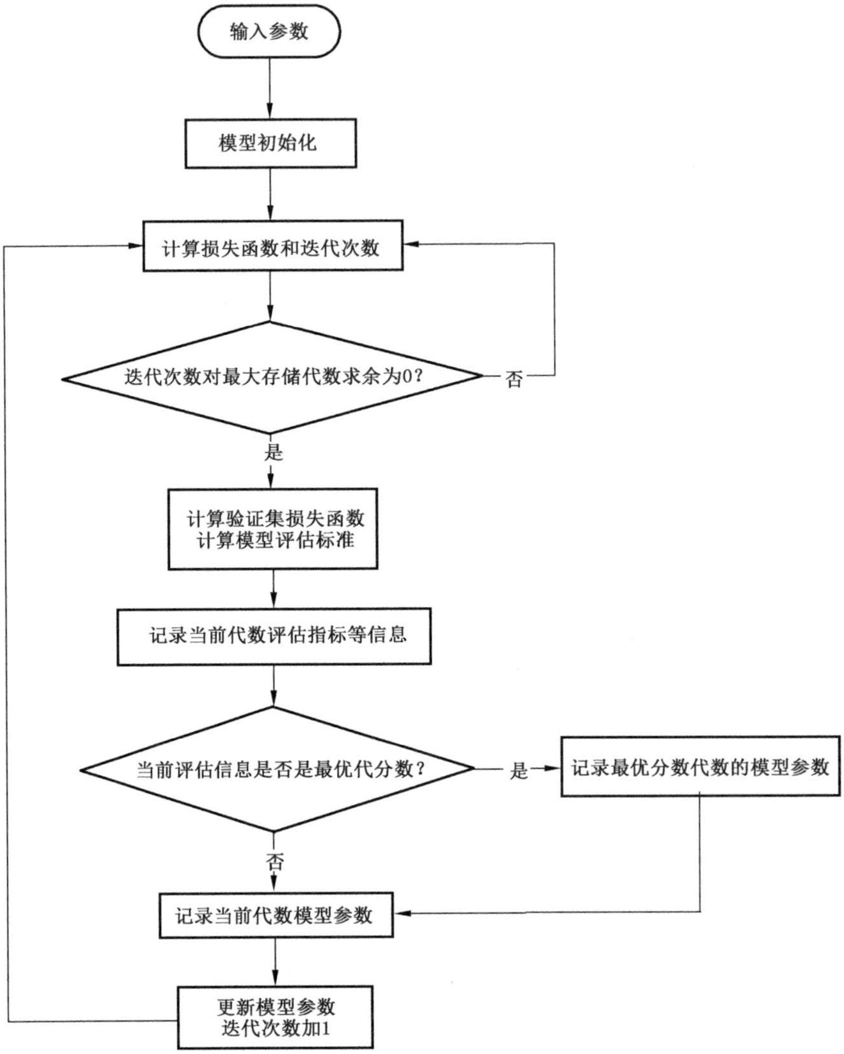

图 3-6　模型训练流程图

3.6　实验

3.6.1　实验平台

启智 ROS 机器人是一款为 ROS 机器人算法开发量身打造的机器人硬件平台，拥有硬件里程计、激光测距雷达、立体视觉相机和语音输入输出阵列等一系列，完美适配 ROS 的 TF、Navigation、Actionlib 和 Pluginlib 子系统，是深入学习 ROS 和高级机器人算法验证开发的理想平台。图 3-7 为启智 ROS 机器人整机图片。

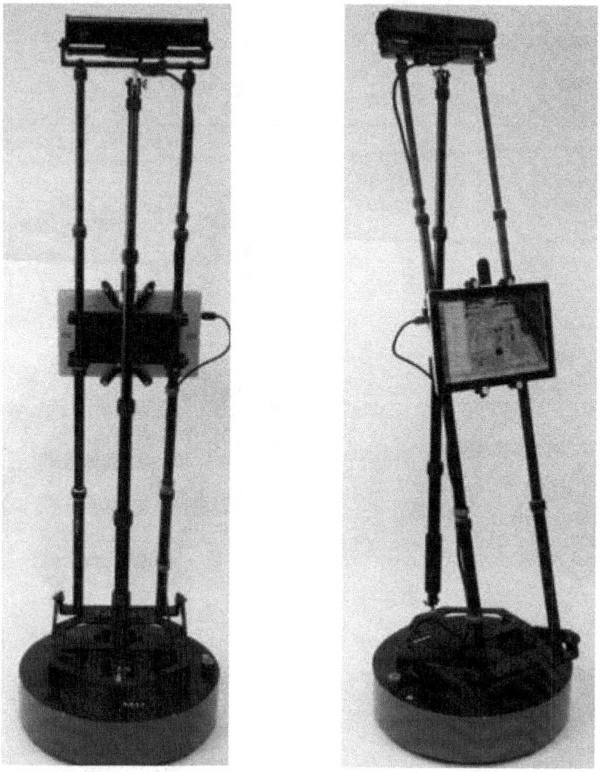

图 3-7　启智 ROS 机器人整机

该机器人实验平台搭载了主控机、Kinect V2 立体视觉传感器、激光雷达、伺服电机模块、三轮全向式移动底盘。本次物体检测算法对比实验主要使用 Kinect V2 立体视觉传感器，其拍摄的 RGB 图像分辨率为 1 920×1 080，RGB-D 图像的分辨率为 512×424，帧率最高支持 30fps，检测范围在 0.5～4.5m 之间时效果最佳。

3.6.2　数据集选择

本节采用的数据集是由马里兰大学制作的 UMD Part Affordance 数据集，该数据集是目前比较完备的工具部件功用性数据集，其收集了包含厨房、园艺等共计 17 种家庭日常工具的 RGB-D 信息，即刀(knife)、泥刀(trowel)、铲子(turner)、铁锤(tenderizer)、汤匙(spoon)、铁锹(shovel)、大剪刀(shears)、铲斗(scoop)、剪刀(scissors)、勺子(ladle)、锤子(hammer)、锯子(saw)、陶罐(pot)、马克杯(mug)、木槌(mallet)、杯子(cup)、碗(bowl)。数据集的种类详情如表 3-1 所示。本实验在建立

17 种工具分类模型后，根据工具主要功用性再将 17 种工具分为 5 类，即切（cut）、舀（scoop）、盛（contain）、敲（pound）、支撑（support）。

表 3-1 使用工具数据集

功用性	实例	数据集部分样本
切 cut	刀 knife 锯子 saw 剪刀 scissors 大剪刀 shears	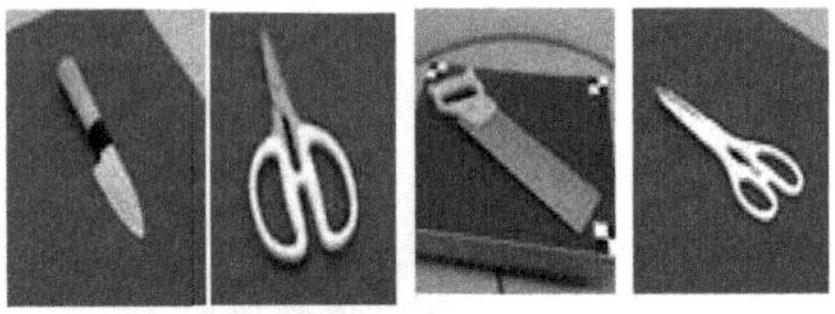
舀 scoop	勺子 ladle 铲斗 scoop 汤匙 spoon	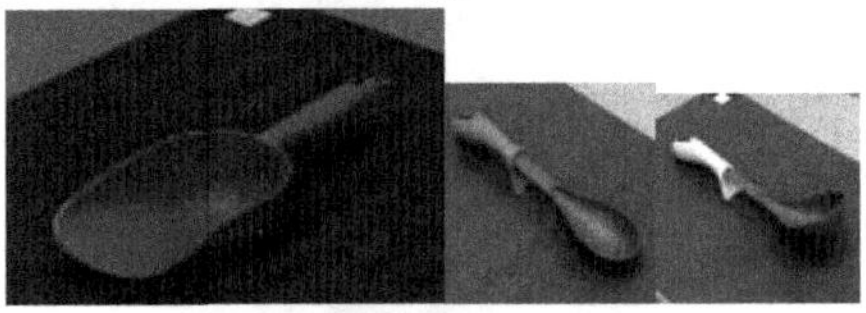
盛 contain	碗 bowl 杯子 cup 马克杯 mug 陶罐 pot	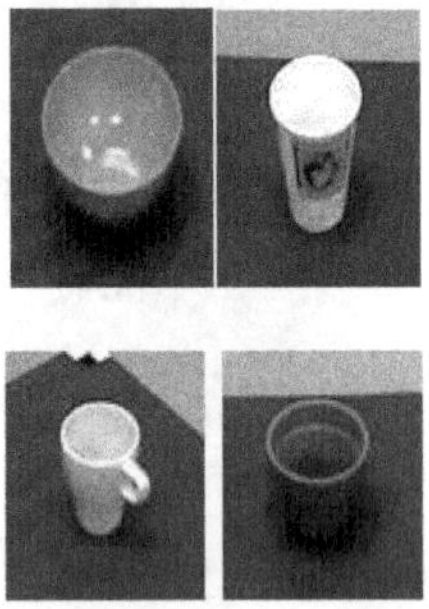
敲 pound	锤子 hammer 木槌 mallet 铁锤 tenderizer	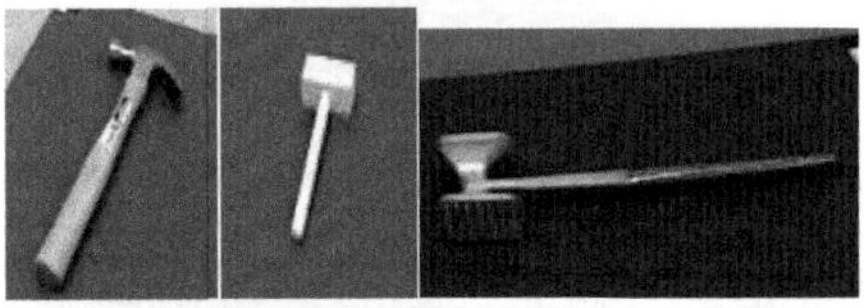
支撑 support	泥刀 trowel 铁锹 shovel 铲子 turner	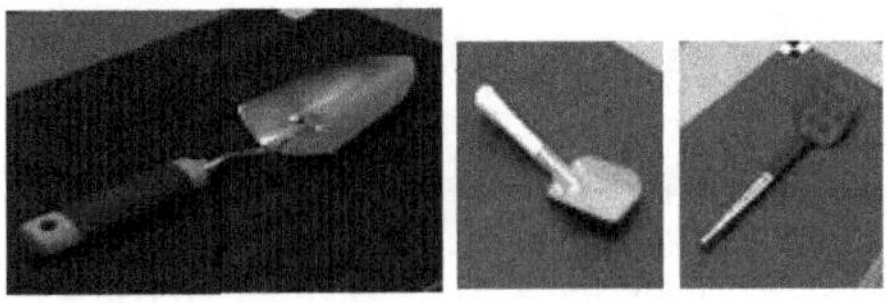

3.6.3 实验结果与分析

对于深度学习物体检测模型而言，研究学者提出了完整的性能评价标准体系。结合有关概率统计知识，可以通过计算精确率、召回率、mAP 或 IoU 来作为其精度性能评价指标。

训练模型在测试集的部分测试效果如图 3-8 和图 3-9 所示，给定输入图片，输出其预测类别及其真实标签，展示的效果分为两类，一类为庭院常用工具，一类为室内常用工具。例如，图 3-9(a)输入图片标签为 shears，预测结果为 shears。模型在测试集上的预测准确率如表 3-2 所示。

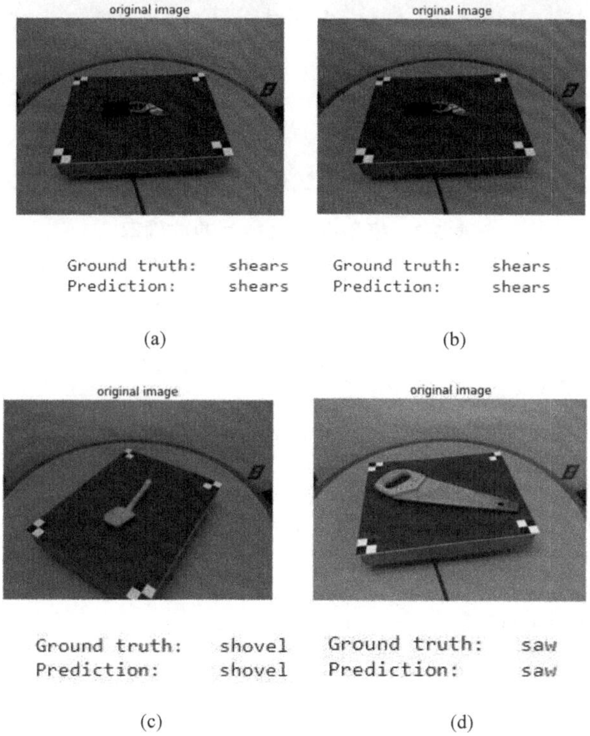

图 3-8　模型实际测试效果(庭院常用工具)

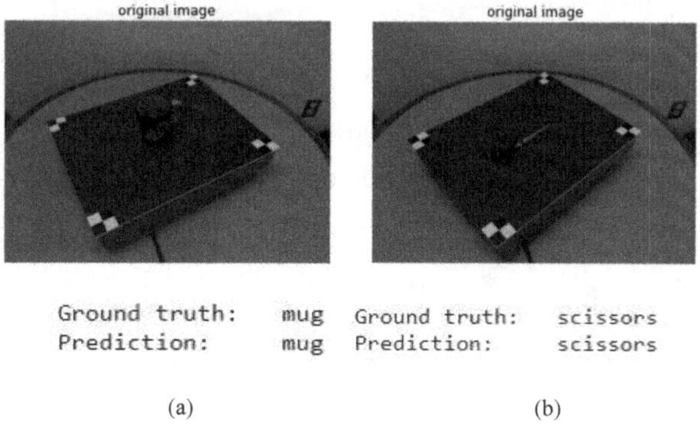

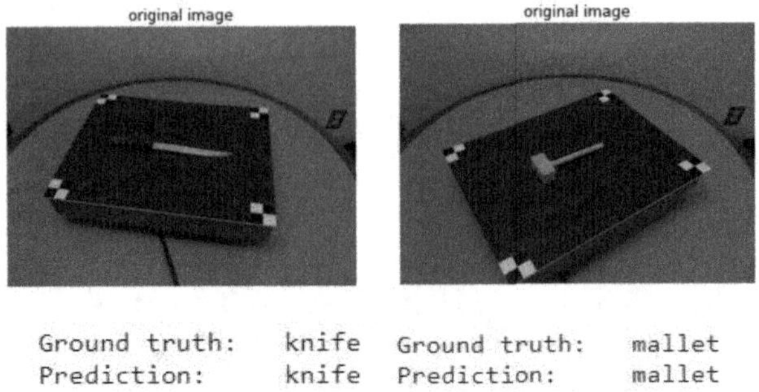

(c) (d)

图 3-9 模型实际测试效果(室内常用工具)

表 3-2 模型在测试集上的准确率

分类	工具类别	各类准确率	分类准确率	mAP
切 Cut	刀 knife	1.000 0	0.961 9	0.917 8
	锯子 saw	1.000 0		
	剪刀 scissors	1.000 0		
	大剪刀 shears	0.847 5		
舀 scoop	勺子 ladle	0.925 9	0.975 3	
	铲斗 scoop	1.000 0		
	汤匙 spoon	1.000 0		
盛 contain	碗 bowl	0.675 7	0.837 9	
	杯子 cup	0.675 7		
	马克杯 mug	1.000 0		
	陶罐 pot			
敲 pound	锤子 hammer	1.000 0	0.795 3	
	木槌 mallet	0.385 8		
	铁锤 tenderizer	1.000 0		
支撑 support	泥刀 trowel	1.000 0	1.000 0	
	铁锹 shovel	1.000 0		
	铲子 turner	1.000 0		

从表中可以看出,模型在整个数据集上的预测正确率都在一个相当高的水平,为进一步验证模型的性能,将本方法准确率与常用机器学习分类方法的准确率对

比，结果如表 3-3 所示。在相同的实验环境和相同的数据集上，以 SRF（结构随机森林法）为基础，采用 Adaboost 分类器或 SVM 分类器的普通机器学习方法，其准确率普遍较低。而 CRF（基于条件随机场）的预测准确率，也与本方法有较大的差距。因此，本节所使用分类方法相较于传统机器学习方法在准确率上明显有着较大的提升，更加有利于家庭服务机器人对常用工具的认知。

表 3-3 各类方法的准确率对比

工具类别 / 学习方法	切 cut	盛 contain	舀 scoop	敲 pound	支撑 support
本方法	96.2%	97.5%	83.8%	79.5%	100%
SRF＋SVM	85%	52%	30%	63%	63%
SRF＋Adaboost	50%	92%	20%	66.7%	60%
CRF	53.3%	54%	50%	70.2%	75%

3.7 本章小结

针对家庭服务机器人平台计算能力、存储资源受限的问题，本章设计出一种基于 MobileNet V2 轻量级网络作为特征提取主干网络，全连接层和 Softmax 分类器作为目标检测器的目标检测模型，并将模型集成到 ROS 平台上，实现了服务机器人对家庭常用工具的识别交互。使用 MobileNet 轻量级卷积神经网络作为基础网络对样本数据进行特征提取，大大降低了模型的参数量和计算量，减少了内存占用性能；该算法在保证准确性的前提下，提高了模型处理速度、降低了模型复杂程度，有效提升了基于移动端的目标检测算法性能。通过 MobileNet 算法与传统的机器学习算法的目标检测的对比实验，可以看出 MobileNet 算法的准确率最高，识别性能最高。未来工作规划为对于不同视角、不同光线强度的复杂场景下，优化检测算法实现多场景多对象的家庭常用工具识别检测，提高目标检测鲁棒性，同时伴随着训练数据集的丰富，提高对于同类别对象检测泛化能力。

参 考 文 献

[1] 吴培良，何犇，侯增广. 基于空间金字塔池化特征的日常工具分类识别[J]. 控制与决策，2019，34(7)：1481-1486.

[2] 吴培良,隰晓珺,杨霄,等.一种基于联合学习的家庭日常工具功用性部件检测算法[J].自动化学报,2019,45(5):985-992.

[3] Szegedy C,Vanhoucke V,Ioffe S,et al. Rethinking the inception architecture for computer vision[C]//Proceedings of the IEEE conference on computer vision and pattern recognition,IEEE Computer Society,2016:2818-2826.

[4] Iandola F N,Han S,Moskewicz M W,et al. SqueezeNet:AlexNet-level accuracy with 50x fewer parameters and< 0.5 MB model size[C]//Proceedings of International Conference on Learning Representations,2016.

[5] Andrew G. Howard,Zhu M L. MobileNets:Efficient convolutional neural networks for mobile vision applications[J]. arXiv,2017.

[6] Chen W,Chen W,He C,et al. Research on Classification and Detection System of Common Household Tools for Home Service Robot[C]//2020 International Conference on System Science and Engineering (ICSSE). IEEE,2020:1-5.

第4章 基于触觉信息的工具功用性检测算法

4.1 引言

机器人在进行人机交互、工具操作等复杂任务时通过外部传感器感知周围环境。传统视觉传感器识别技术的性能很容易受到光照条件差、遮挡物和相机工作空间的限制，继而影响机器人的环境感知和物体识别能力，难以顺利完成复杂的精细化任务。触觉作为人体的一种重要感知方式，能够准确得到目标物体的光滑度和压力信息。David Julius 和 Ardem Patapoutian 发现人体温度和触觉感受器获得 2021 年诺贝尔生理学和医学奖，通过压电通道解释触觉感知身体各位置运动的方式。

基于触觉信息的物体识别及滑动检测技术已经成为机器人领域的研究热点。随着人工智能等理论方法的快速发展，国家自然科学基金委设立柔性触觉传感器研究的专项支持，对抓取物体时采集的触觉数据信息建立特征数据库，结合机器学习等理论知识进行数据分析能够有效地完成对目标物体的感知识别[1]，利于机器人进行后续决策判断和动作规划，对于实现机器人精细化操作和人机交互具有重大意义。触觉数据信息特征在多项机器人操作技能学习问题上均得到验证，包括对象识别[2]、滑动检测[3]和纹理识别[4]。

机器人触觉感知提供了不同于视觉感知的信息模态（例如粗糙度、纹理、温度），融入触觉信息可以使得机器人能够更好地感知物理环境。触觉信息感知在多项机器人操作技能问题上得到论证实践，迄今为止研究主要采用的传感器包括 BioTac1、PPS2 和 NeuTouch[5]。本章中的两个触觉数据集是由 NeuTouch 触觉传感器收集。触觉信息研究的瓶颈在于如何处理来自触觉传感器的数据。

脉冲神经网络(SNN)是第三代神经网络,旨在弥合神经科学和机器学习之间的差距,拟合生物神经元机制模型来进行反向传播计算。脉冲神经网络在生物学角度上比深度神经网络更合理,并且可以在更高能效的神经形态硬件上执行[6]。

本章的工作结合了图神经网络和脉冲神经网络在基于异步事件响应的触觉对象识别方面的最新进展,探讨了面向服务任务需要的基于触觉信息的工具功用性检测方法。

4.2 系统框架

本节构建了一种新型脉冲图神经网络,该网络的主要组件是 LIF 神经元模型、图注意力残差网络 Atten-ResGCN、脉冲神经网络 SNN,以及最终用于功用性分类的投票层 Vote。SNN-Atten-ResGCN 网络模型结构如图 4-1 所示。

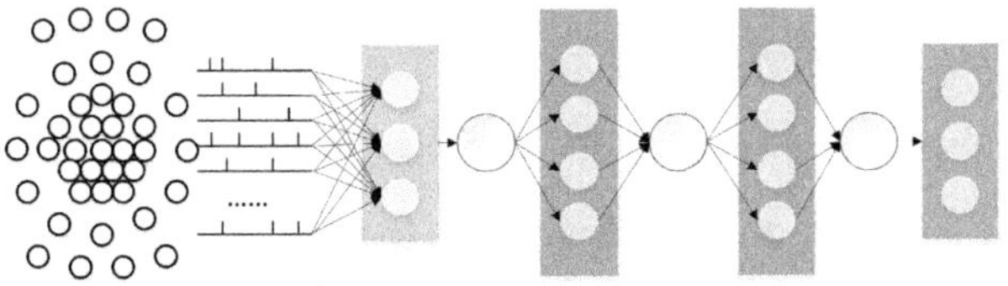

图 4-1 SNN-Atten-ResGCN 模型网络结构

如图 4-1 所示,该模型的第 1 部分为输入序列,根据欧式距离连接传感器触点构建的触觉图形数据。第 2 部分为经过训练调整的 Atten-ResGCN 图注意力残差网络,拟合触觉图形数据中节点与节点之间的特征。第 3 部分为经过训练调整的 SNN 脉冲神经网络,根据输入时间序列的图形特征计算得出最终的特征向量。第 4 部分为 Vote 投票层,对特征向量进行分类,计算功用性类别的识别准确率。

4.3 图注意力残差卷积网络

GCN 图卷积神经网络旨在通过聚集邻域顶点的特征来提取更丰富的本顶点特征,GCN 通过将每个顶点 v 与特征向量 $\boldsymbol{h}_v \in \mathbf{R}^D$ 相关联来表示顶点 v 的信息,因此可以通过连接所有顶点的特征来表示一个图 G 的特征。如公式(4-1)所示:

$$\boldsymbol{h}_G = [\boldsymbol{h}_{v_1}, \boldsymbol{h}_{v_2}, \cdots, \boldsymbol{h}_{v_N}]^{\mathrm{T}} \in \mathbf{R}^{N\times D} \tag{4-1}$$

式中,N 为集合 V 的基数,即图 G 的顶点数。

图卷积运算分为两部分,一是聚合运算,聚集本节点的相邻特征信息和相邻顶点的特征信息,二是更新运算,根据上一步聚合运算得到的特征信息更新下一节点的信息。上述图卷积运算也被称为 GCN 的消息传递机制。GCN 图卷积在数学上的定义为：

$$\boldsymbol{h}_{v_l}=\sum_{u_l\in N(v_l)}\frac{1}{\sqrt{\deg(v_l)}\cdot\sqrt{\deg(u_l)}}(\boldsymbol{\Theta}\cdot\boldsymbol{h}_{u_{l-1}})\tag{4-2}$$

式中，$\deg(v_l)$ 和 $\deg(u_l)$ 分别代表节点 v 和其邻接节点 u 的度。邻接节点 u 的特征 $\boldsymbol{h}_{u_{l-1}}$ 先与权重矩阵 $\boldsymbol{\Theta}$ 进行变换，按节点的度进行归一化处理，线性组合。

基于 GCN 的消息传递机制，第 l 层顶点输入到第 $l+1$ 层顶点的传播方式定义：

$$\boldsymbol{g}_{l+1}=F(\boldsymbol{g}_l,\boldsymbol{w}_l)\tag{4-3}$$

式中，$\boldsymbol{g}_{l+1}$ 为第 l 层的输出信息即第 $l+1$ 层的输入信息；$\boldsymbol{g}_l$ 为第 l 层的输入信息；$\boldsymbol{w}_l$ 为权重矩阵。根据图卷积运算引入聚合函数和更新函数后，上述公式可转化为：

$$\boldsymbol{g}_{l+1}=Update(Aggregate(\boldsymbol{g}_l,\boldsymbol{w}_l^{agg}),\boldsymbol{w}_l^{update})\tag{4-4}$$

式中，$\boldsymbol{w}_l^{agg}$ 和 $\boldsymbol{w}_l^{update}$ 分别是聚合函数和更新函数的可学习线性变换权重矩阵。聚合函数用于编译来自邻域顶点的节点信息，而更新函数对聚合信息执行非线性变换以计算新的顶点信息。常用的聚合函数有均值聚合函数（Mean Aggregator）、最大池化聚合函数（Max-pooling Aggregator）、注意力聚合函数（Attention Aggregator）和 LSTM 聚合函数（LSTM Aggregator）等。更新函数可以是多层感知机（MLP）和门控网络（Gated Network），对于 $l+1$ 层的某一个节点 $v_{l+1}\in V_{l+1}$ 来说，其顶点特征 $\boldsymbol{h}_{v_{l+1}}$ 计算方式如下式：

$$\boldsymbol{h}_{v_{l+1}}=\phi(\boldsymbol{h}_{v_l},\rho(\{\boldsymbol{h}_{u_l}\mid u_l\in N(v_l)\},\boldsymbol{h}_{v_l},\boldsymbol{w}_\rho),\boldsymbol{w}_\varphi)\tag{4-5}$$

式中，ρ 是顶点特征聚合函数；ϕ 是顶点特征更新函数；$\boldsymbol{h}_{v_l}$ 和 $\boldsymbol{h}_{v_{l+1}}$ 分别是第 l 层和第 $l+1$ 层的顶点特征；$N(v_l)$ 是在第 l 层的顶点 v 的相邻节点的集合；$\boldsymbol{h}_{u_l}$ 表示第 l 层的顶点 v 的相邻节点的特征；$\boldsymbol{w}_\rho$ 和 $\boldsymbol{w}_\phi$ 是上面提到的聚合函数和更新函数的权重矩阵。

图卷积网络 GCN 在处理非规则数据的过程中具有 CNN 无法比拟的优势，但目前的图卷积网络规模较小，在加深网络深度的过程中由于梯度消失（Vanishing Gradient）和过度平滑（Over Smoothing）问题限制图卷积网络的进一步发展，即使得局域特征都收敛到相同的值上，因而本节所构建的 Atten-ResGCN 图注意力残差网络模型引用卷积神经网络中残差-连接的思想，引入注意力机制对顶点间的边进行了重计算来动态改变感受野，缓解较深的网络带来过度平滑的问题。如图 4-2 所示，Atten-ResGCN 一个 ResGCN 残差块和 Attention 注意力耦合模块构成，输入触觉图形数据经由改进版 ResGCN 残差块处理后输入到 Attention 注意力耦合块。ResGCN 残差块的主干网络部分为 TAG-Conv 自适应图卷积和 LayerNorm 标准归一化层，残差连接部分为 GEN-Conv 广义通用图卷积和 Message Normlation 消息规范化层。

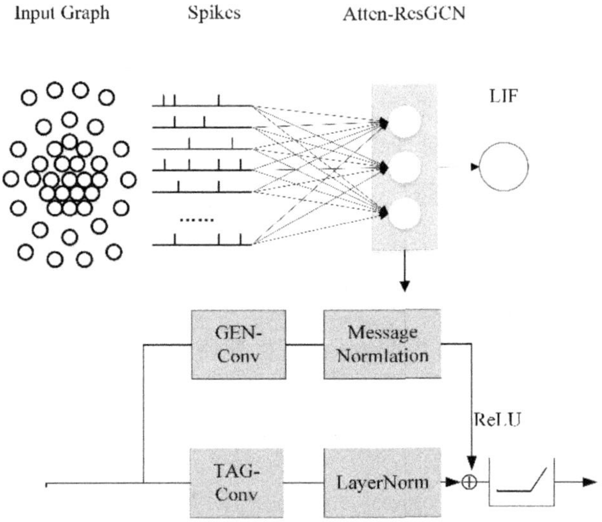

图 4-2　Atten-ResGCN 图注意力残差网络模型

在主干网络上采用 TAG-Conv 自适应图卷积，其与普通的图卷积 GCN 相比，能够更好地匹配输入图形的拓扑，拟合顶点 v 与相邻节点的特征。TAG-Conv 自适应图卷积定义如下：

$$\boldsymbol{H}_l = \sum_{c=1}^{C} \boldsymbol{G}_{c,l} * \boldsymbol{h}_c + \boldsymbol{b}_l \tag{4-6}$$

式中，$\boldsymbol{H}_l$ 为第 l 层所有节点的输出特征，也就是第 $l+1$ 层的输入特征；$\boldsymbol{h}_c$ 为第 l 层中某一节点 c 的输入特征；C 为总节点数；$\boldsymbol{b}_l$ 为第 l 层的偏置向量；$*$ 为卷积算子定义图卷积操作；$\boldsymbol{G}_{c,l}$ 为第 l 层的图形滤波器卷积核。自适应图卷积使用图的归一化邻接矩阵 $\boldsymbol{A}$ 定义见公式(4-7)：

$$\boldsymbol{G}_{c,l} = \sum_{k=0}^{K} \boldsymbol{g}_{c,f,k} \boldsymbol{A}^k \tag{4-7}$$

通过借鉴残差神经网络中的残差-连接的思想，引入图残差卷积神经网络 ResGCN，ResGCN 传播方式如公式(4-8)所示：

$$\begin{aligned} \boldsymbol{g}_{l+1} &= H(\boldsymbol{g}_l, \boldsymbol{w}_l) \\ &= F(\boldsymbol{g}_l, \boldsymbol{w}_l) + R(\boldsymbol{g}_l, \boldsymbol{w}_l) \\ &= \boldsymbol{g}_l^{res} + \boldsymbol{g}_l \end{aligned} \tag{4-8}$$

式中，H 为定义的从 l 层到第 $l+1$ 层的传播映射，将常规的图卷积映射 H 和残差图卷积映射 R 线性组合拟合结果；$\boldsymbol{g}_l^{res}$ 为第 l 层的图残差映射输出结果；$\boldsymbol{g}_l$ 为第 l 层的图卷积映射输出结果。

残差连接卷积部分采用基于图卷积神经网络消息传递机制的广义通用图卷积 GEN-Conv，与目前国内外研究常使用的聚合函数[均值聚合函数（Mean Aggregator）、最大池化聚合函数（Max-pooling Aggregator）和注意力聚合函数（Attention Aggregator）]不同的是，本节所采用的图卷积神经网络消息传递机制的聚合函数为幂均值聚合函数，聚合函数的定义如公式(4-9)：

$$PowerMean\_Agg_p(\cdot) = \left(\frac{1}{|N(v)|} \sum_{u \in N(v)} \boldsymbol{h}_u^p \right)^{\frac{1}{p}} \tag{4-9}$$

式中，$\boldsymbol{h}_u^p$ 代表对当前节点 v 的邻接顶点 u 的节点特征取 p 次方；$N(v)$ 为顶点 v 的邻接节点的集合，对顶点 v 的邻接节点的累加特征结果均值后再开方；p 是一个非零的连续参数。

经过 GEN-Conv 处理过的图形特征，经过一层消息规范化层（Message Normlation），规范化层在训练深层神经网络方面能够显著提高网络的聚合性能。消息规范化层结合多层感知机（MLP）对顶点特征和邻接节点特征聚合的结果更新 $\boldsymbol{m}_{v_l}$ 的计算公式如下：

$$\boldsymbol{h}_{v_{l+1}} = MLP\left(\boldsymbol{h}_{v_l} + s \cdot \| \boldsymbol{h}_{v_l} \|_2 \cdot \frac{\boldsymbol{m}_{v_l}}{\| \boldsymbol{m}_{v_l} \|_2} \right) \tag{4-10}$$

式中，s 为设定的更新比例因子；$\boldsymbol{m}_{v_l}$ 是由 $PowerMean\_Agg$ 聚合函数聚集的顶点 v 相邻接节点的特征；$\| \boldsymbol{h}_{v_l} \|_2$ 和 $\| \boldsymbol{m}_{v_l} \|_2$ 分别为顶点特征和邻接节点特征的 l_2 向量范数，即欧式范数。

基于上述消息传递框架构建的图卷积神经网络 GCN 能够通过聚合函数和更新函数拟合顶点 v 的相邻节点特征。但在图网络的实际应用中，不同节点之间的影响权重不一定是恒定的，为了解决这个问题，本节参考传统卷积神经网络中的注意力机制，构建了一个用于描述节点之间重要性的网络层 Attention 注意力层，用来学习不同相邻节点之间的可训练权重。

在深层 GCN 网络拓扑结构中，1 层 GCN 聚合了 1 阶邻接的节点信息，2 层 GCN 聚合了 2 阶邻接节点的信息，n 层 GCN 就聚合了 n 阶邻接节点的信息，在一张连通图当中，每个节点用于聚合的邻接节点重合度较高，很容易导致每个节点学出来的特征表示是一致的，导致节点的特性就被掩盖掉了。

在 Atten-ResGCN 模型结构中，对任意两个节点 (i,j) 之间的注意力值 f_{ij} 由公式(4-11)计算，其中 h_i 和 h_j 是分别为顶点 i 和顶点 j 的特征向量并拼接再映射成为一个标量，$\boldsymbol{w}$ 是投影映射矩阵。

$$f_{ij} = LeakyReLU(\boldsymbol{W}^{\mathrm{T}}[\boldsymbol{w}h_i \parallel \boldsymbol{w}h_j]) \tag{4-11}$$

在聚合邻接节点特征时，对每个节点的所有邻接节点注意力值使用 $PowerMean\_Agg_p$ 函数进行归一化，归一化后的注意力聚合系数作为注意力得分 s_{ij} 计算如公式(4-12)，表示节点 i 与其他节点之间的相似程度。

$$s_{ij} = soft\max(v_{ij}) = \frac{\exp(v_{ij})}{\sum_{k\in N}\exp(v_{ik})} \tag{4-12}$$

设当前节点为 v，s_v 为对除当前节点 v 以外其余节点的注意力得分，对注意力得分 s_v 进行排序，得到一个有序集合 $N^{(d)}(v)=\{u_1,u_2,\cdots,u_n\}$，然后从集合 $N^{(d)}(v)$ 中选取节点 v 的 k 个邻接节点，重构触觉图形。

Attention 网络层（允许图形结构在每一层发生变化）可以拟合学习很好的图形表示。Atten-ResGCN 模型中动态变化的邻接节点有助于减轻过平滑的问题，增大图的有效感知域，在本节的框架中，在每一层的特征节点空间中通过一个注意力权重得分来重新计算顶点之间的边，在图神经网络的传播过程中，经由 l 层顶点特征计算得到 $l+1$ 层的顶点特征来重构第 $l+1$ 层图的结构，重构顶点的邻接节点。图 4-3 给出了注意力机制模型。

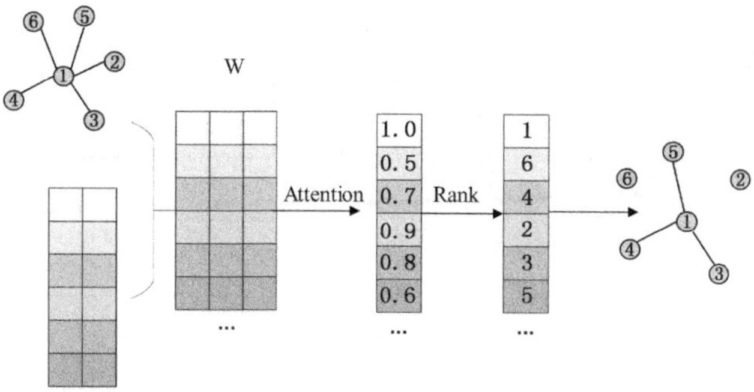

图 4-3　注意力机制模型

4.4　SNN 脉冲神经网络

Atten-ResGCN 处理得到的触觉图形数据，作为下一模型 SNN 脉冲神经神经网络输入。如图 4-4 所示，SNN 主要由三个 LIF 神经元和两个全连接层组成。

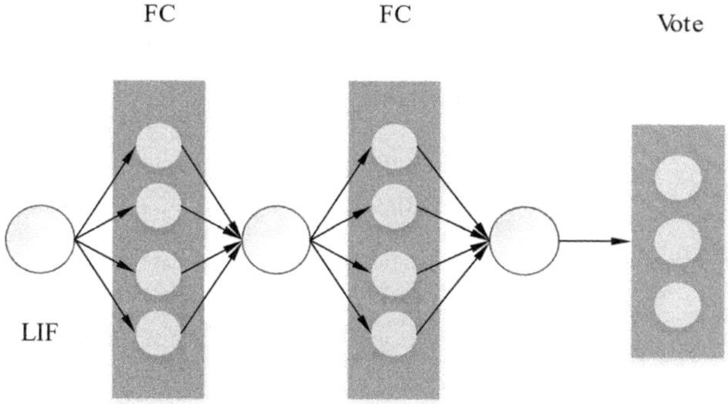

图 4-4　SNN 脉冲神经网络结构

设 FC 全连接层的输入层向量 $\boldsymbol{X}=[x_0,x_1,\cdots,x_n]^{\mathrm{T}}$，输出特征 $\boldsymbol{H}=[h_0,h_1,\cdots,h_m]^{\mathrm{T}}$，将输入从 n 维转换成 m 维需要乘上一个 $m\times n$ 的矩阵 $\boldsymbol{W}$，与偏置 $\boldsymbol{B}=[b_0,b_1,\cdots,b_n]^{\mathrm{T}}$ 线性组合。

在传统卷积神经网络 CNN 中，最常见的激活函数是 ReLU 或其变体，ReLU 是非线性激活函数并不适用脉冲神经网络。所以本节使用 LIF 神经元模型作为脉冲神经网络 SNN 的激活函数，图 4-5 展示了 LIF 脉冲神经元激活生成脉冲的过程。$I(t)$ 代表神经元的输入信号，$o(t)$ 是神经元的输出信号，u_T 是神经元的膜电位，当神经元的膜电位超过触发阈值 u_R 时，LIF 神经元将生成脉冲，之后膜电位将被重置为 u_R 。

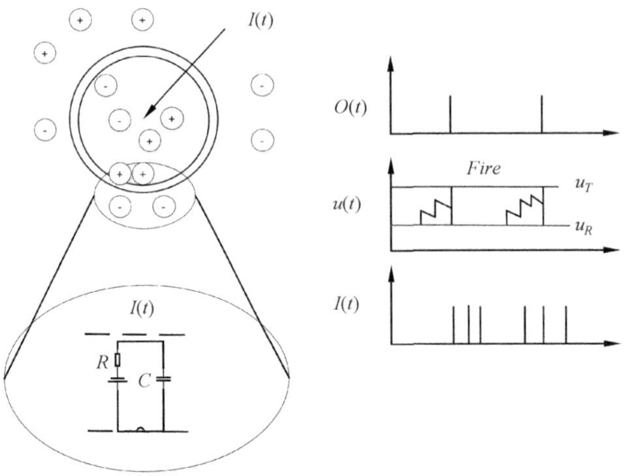

图 4-5　LIF 神经元激活过程

LIF 模型的电回路组成为由电流 I 驱动的电阻 R 和电容 C，如果驱动电流 $I(t)$ 消失，则整个电容器的电压重置为 u_R，根据电流守恒定律，将驱动电流分为两部分：

$$I(t)=I_R+I_C \tag{4-13}$$

第二个流过电容 C 的电流 $R=C\dfrac{\mathrm{d}u}{\mathrm{d}t}$，引入时间常数 $\tau=RC$，可得 LIF 激活函数公式如(4-14)所示：

$$\tau\frac{\mathrm{d}u(t)}{\mathrm{d}t}=-u(t)+\sum_i w_i x_i \tag{4-14}$$

式中，$u(t)$ 时间 t 是神经元的内膜电位；$\sum\limits_i w_i x_i$ 代表前一层神经元输入的加权和。

将式(4-14)转换为：

$$u(t+1)=\left(1-\frac{\mathrm{d}t}{\tau}\right)u(t)+\frac{\mathrm{d}t}{\tau}\sum_i w_i x_i \tag{4-15}$$

进一步令 $\beta=1-\dfrac{\mathrm{d}t}{\tau}$，$w'_i=\dfrac{\mathrm{d}t}{\tau}\sum\limits_i w_i x_i$，可得公式(4-16)：

$$u(t+1)=\beta u(t)+\sum_i w'_i x_i \tag{4-16}$$

式中，$\beta=1-\dfrac{\mathrm{d}t}{\tau}$ 被定义为一个衰减因子；w'_i 是结合了 $\dfrac{\mathrm{d}t}{\tau}$ 的权重。

因此 LIF 神经元模型激活函数描述如公式(4-17)所示：

$$f_{LIF}(u) = fire\ spike\ \&\ u(t) \leftarrow u_R \text{ if } u(t) \geqslant u_T \tag{4-17}$$

4.5 Vote 投票层

Vote 投票层用于解码网络输出，每个输出的分类标签首先与投票层中的一个神经元关联，预测的类别是与在指定的时间窗内具有最大平均投票数（对应于脉冲数）的神经元相关联的类别。

模型损失函数定义见公式(4-18)，该函数捕获给定时间窗口内标签特征 y 和平均投票结果之间的均方误差。

$$L = \| y - \frac{1}{T}\sum_{t=1}^{T}\boldsymbol{U}\boldsymbol{o}^t \|^2 \tag{4-18}$$

式中，$\boldsymbol{U}$ 是投票矩阵，将每个投票神经元连接到特定类别的投票矩阵；$\boldsymbol{o}^t$ 是时间 t 的最后一层输出特征。

在脉冲神经网络中，由于脉冲序列是非连续的，不可微分的，为了保证 SNN 的反向传播，本节采用矩形函数 f 来近似脉冲活动的导数，a 为矩形函数的参数。

$$f(u) = \frac{1}{a}\text{sign}\left(|u - u_T| < \frac{a}{2}\right) \tag{4-19}$$

4.6 脉冲图注意力残差卷积网络

本节提出一种适用于触觉数据的新型脉冲图注意力残差卷积网络 SNN-Atten-ResGCN。与网格结构高精度浮点数据的卷积神经网络不同的是，SNN-Atten-ResGCN 模型对图形结构的脉冲数据拟合特征，无须将触觉图形数据强制转换成用零填充（或随机值）网格矩阵数据。

触觉图形信息的构建首先通过深度学习中的注意力机制和残差连接拟合高度不规则的从缠绕在机器臂末端的柔性触觉传感器采集到的局部 taxel 结构特征，其次，基于脉冲神经网络的时间驱动特性，直接处理传感器提供的基于脉冲的数据，相较于卷积神经网络减少将脉冲数据转换成矩阵数据这一步骤。

设触觉图 $G=(V,E)$，其中 V 为触觉图的 N 个节点的集合，E 为触觉图的无向边的集合，根据节点的空间分布，根据公式(4-20)计算两节点间的欧氏距离作为描述节点关系的邻接信息作为模型 SNN-Atten-ResGCN 的输入：

$$d(v_i, v_j) = \| v_i - v_j \|_2 \tag{4-20}$$

综上所述，SNN-Atten-ResGCN 是一个用于触觉数据的事件驱动新型脉冲图神经网络。它使用图卷积网络 GCN 进行对象识别。SNN-Atten-ResGCN 是基于事件驱动(具有 LIF 神经元)利用图注意力残差网络 Atten-ResGCN 提取触觉图形结构局部特征,图注意力残差网络 Atten-ResGCN 与标准 GCN 相比拟合 taxel 触觉信息的局部特征性能显著。

SNN-Atten-ResGCN 网络模型的伪代码算法描述如下:

输入:由触觉图形数据表示的 39 个触觉像素点以及像素点间的边关系。

输出:预测物体分类类别的准确率以及混淆矩阵。

步骤 1:对原始触觉数据依据触觉传感器之间的连接关系构建触觉图形数据。

步骤 2:由步骤 1 处理生成的触觉图形数据输入到 Atten-ResGCN 网络层中,在主干网络上经由 TAG-Conv 层和 LayerNorm 层得到图卷积映射,在残差链接上通过 GEN-Conv 和 MessageNormlation 得到图残差映射,线性组合得到拟合结果。

步骤 3:对步骤 2 处理得到的每个节点的特征构成的特征图基于注意力机制对触觉图形进行重构,作为下一阶段模型 SNN 脉冲神经网络的输入。

步骤 4:SNN 接收到 Atten-ResGCN 的输入,通过三层 LIF 神经元激活和两层 FC 全连接层得出一个输出的分类标签。

步骤 5:由步骤 4 输出得到的分类标签经由 Vote 投票层经过投票矩阵得出在指定的时间窗内具有最大平均投票数(对应于脉冲数)的神经元相关联的类别作为物体分类的预测结果。

4.7 实验

本实验的主要目的是评估各种深度学习模型对触觉数据识别对象的性能。本实验将包括图卷积神经网络 GNN 和自适应图卷积网络 TAG-GCN 等深度学习模型与本章构建的模型进行了比较。

4.7.1 数据集选择

实验选用的是目前比较完备的家庭工具及容器功用性数据集 EvTouch-Objects 和 EvTouch-Containers。

EvTouch-Objects:该数据集包括来自 36 个对象类别的触觉数据。在这些对象中,26 个是来自 YCB 家庭工具数据集的对象,其余 10 个对象是可形变对象,作为对 YCB 数据集的补充。

EvTouch-Containers：该数据集包括 4 个容器的触觉数据，分别为咖啡罐、塑料苏打瓶、豆奶盒和金属金枪鱼罐。这些容器的最大体积分别为 250 g、400 g、300 g 和 140 g。每个容器分别装满{0%，25%，50%，75%，100%}最大量的水，产生 20 个分类。

4.7.2　模型超参数

实验中将本章构建的模型与以下 4 种深度学习模型性能进行了比较。所有方法都使用 LIF 神经元。所有方法共享相同的 SNN 脉冲神经网络网络结构(层的数量和各个层的单元数量)和相同的超参数。具体参数如表 4-1 所示：

GNN：图卷积神经网络；

TAG-GCN：自适应图卷积神经网络；

TAG-ResGCN：自适应图残差网络；

Atten-GCN：图注意力网络。

表 4-1　深度学习模型超参数

参数	值
膜电位阈值 u_T	0.5
膜电位重置阈值 u_R	0
Batch size	1
膜电位衰减因子 β	0.2
学习率	0.001
矩形函数参数 α	0.5

4.7.3　实验结果及分析

本实验将上述两个数据集分为一个训练集(80%)和一个测试集(20%)，使用 Adam 优化器对训练数据数据集上的每个模型进行 100 次迭代，比较每个模型在迭代运行过程中的 trainloss 和 testloss，如图 4-6 和图 4-7 所示，五种模型的训练损失和测试损失在开始阶段都迅速降低，然后再逐渐收敛。与其他四种模性相比，SNN-Atten-ResGCN 模型具有更低的 trainloss 和 testloss。

同时，设计实验验证 GNN、TAG-GCN、TAG-ResGCN、Atten-GCN 和 Atten-ResGCN 在数据集 EvTouch-Objects 和 EvTouch-Objects 上的性能表现。针对触

觉识别物体的多分类问题，对每个类分别计算每个类别的准确率并求平均值，准确率是指对于给定的测试数据集，模型分类正确和样本数与测试数据那个样本数之比，也就是预测正确的概率。五种模型在 EvTouch-Objects 和 EvTouch-Containers 数据集上分类平均准确率如表 4-2 所示。对比可见，本章的方法在 EvTouch-Objects 和 EvTouch-Objects 数据上的准确率相较于当前最优模型 TAG-GCN 提高了约 2.4%和 3.4%。

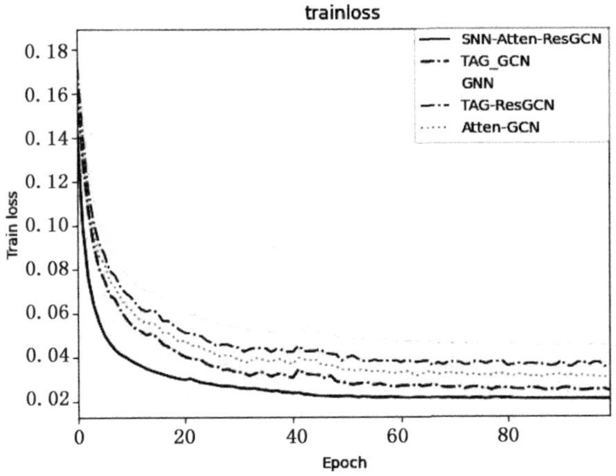

图 4-6　五种模型 trainloss 对比图

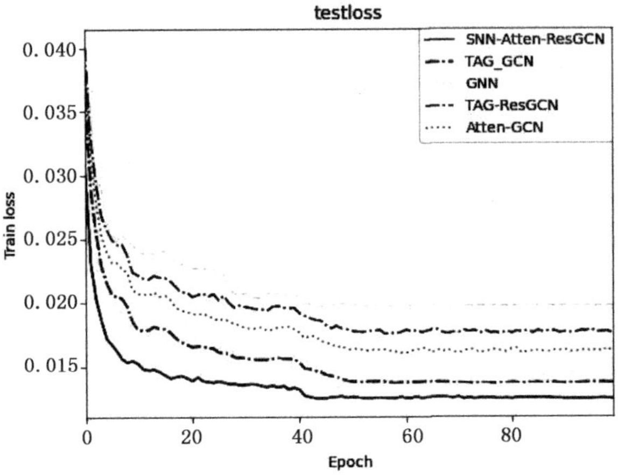

图 4-7　五种模型 testloss 对比图

表 4-2　五种模型在 EvTouch-Objects 和 EvTouch-Containers 数据集上分类平均准确率(%)

模型	EvTouch-Objects	EvTouch-Containers
GNN	85.14	58.83
TAG-GCN	89.44	64.17
TAG-ResGCN	88.76	63.51
Atten-GCN	86.47	61.79
Atten-ResGCN	91.61	66.34

此外,为了验证本章的模型相较于其他四种模型在迭代的效率上的性能,对比在两种数据集上一次迭代的平均耗时。由表 4-3 可见,五种模型的耗时差距不大,效率差距均在 0.5%左右。

表 4-3　五种模型在 EvTouch-Objects 和 EvTouch-Objects 数据集一次迭代平均耗时(单位/s)

模型	EvTouch-Objects	EvTouch-Containers
GNN	57.625	61.382
TAG-GCN	58.563	62.655
TAG-ResGCN	57.931	62.068
Atten-GCN	57.863	61.824
Atten-ResGCN	58.934	62.789

通过计算预测准确率往往不能正确评估模型的性能,尤其是在多分类问题中,当出现样本不均衡的情况时,并不能合理反映模型的预测能力。本文计算了五种模型的 $F1\text{-}score$ (由精度 $Precision$ 和召回率 $Recall$ 计算得到),$F1\text{-}score$ 是统计学中用来衡量二分类模型精确度的一种指标,用于测量不均衡数据的精度,同时兼顾了分类模型的精度和召回率,即模型精度和召回率的一种加权平均。

$$Precision = \frac{N_{TP}}{N_{TP} + N_{FP}} \tag{4-21}$$

$$Recall = \frac{N_{TP}}{N_{TP} + N_{FN}} \tag{4-22}$$

式中,N_{TP}、N_{FP}、N_{FN} 含义分别为:

N_{TP}:分类结果判定为正样本,实际上是正样本的数量;

N_{FP}:分类结果判定为正样本,实际上是负样本的数量;

N_{FN} :分类结果判定为负样本,实际上是正样本的数量。

根据混淆矩阵计算出每个类别的精度 *Precision* 和召回率 *Recall*。再计算每个类别的 $F1\text{-}score_i$，再对每个类别的 $F1\text{-}score_i$ 求和取平均值。

$$F1\text{-}score_i = 2\frac{Recall_i \times Precision_i}{Recall_i + Precision} \tag{4-23}$$

$$F1\text{-}score = \frac{\sum_{n}^{i} F1\text{-}score_i}{n} \tag{4-24}$$

采用本章方法分别计算 EvTouch-Objects 对象数据集和 EvTouch-Containers 对象数据集的分类混淆矩阵，可视化结果如图 4-8 和图 4-9 所示。继而，通过式(4-21)和式(4-22)计算分类模型的精度和召回率。为便于直观对比，表 4-4 和表 4-5 列出了 GNN、TAG-GCN、TAG-ResGCN、Atten-GCN 和 Atten-ResGCN 五种模型在数据集 EvTouch-Objects 和 EvTouch-Objects 上的精度和召回率。进一步地，通过式(4-23)和式(4-24)计算得到各模型的 *F*1-*score*。

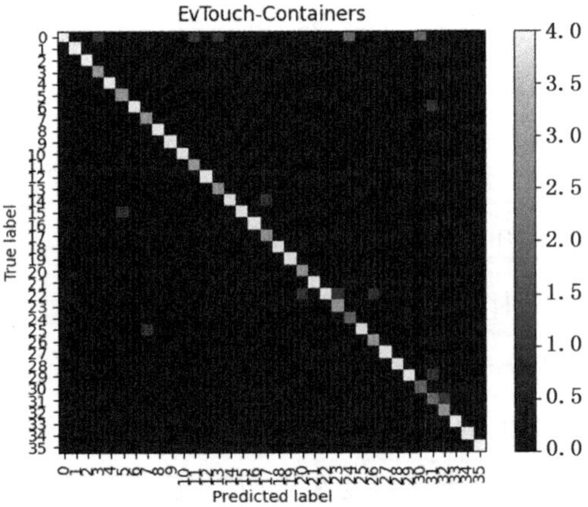

图 4-8 EvTouch-Objects 对象数据集分类混淆矩阵

由表 4-4～表 4-6 可见，不论是分类模型的精度和召回率，还是衡量多分类模型精确度的指标 *F*1-*score*，SNN-Atten-ResGCN 模型都明显优于其他四种模型。在 EvTouch-Objects 数据集上的表现来看，精度 *Precision* 提高了约 2.3%，召回率 *Recall* 提高了约 2.0%，*F*1-*score* 提高了约 2.4%，在 EvTouch-Containers 数据集上的表现来看，精度 *Precision* 提高了约 5.0%，召回率 *Recall* 提高了约 5.2%，*F*1-*score* 提高了约 5.4%。

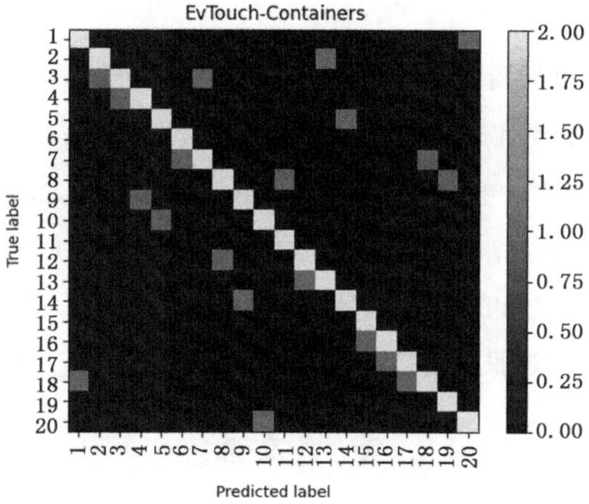

图 4-9　EvTouch-Containers 对象数据集分类混淆矩阵

综合上面各组实验对比可以看出，本章方法在保证模型迭代效率的同时，对不同家庭工具对象和容器对象的准确率、精度、召回率和 $F1$-*score* 均得到较明显提升。

表 4-4　五种模型在 EvTouch-Objects 和 EvTouch-Container 数据集精度*Precision*

模型	EvTouch-Objects	EvTouch-Containers
GNN	0.840 2	0.585 0
TAG-GCN	0.888 9	0.636 1
TAG-ResGCN	0.881 9	0.619 3
Atten-GCN	0.868 1	0.586 7
Atten-ResGCN	0.909 7	0.670 0

表 4-5　五种模型在 EvTouch-Objects 和 EvTouch-Containers 数据集召回率*Recall*

模型	EvTouch-Objects	EvTouch-Containers
GNN	0.892 2	0.613 0
TAG-GCN	0.933 2	0.666 7
TAG-ResGCN	0.929 7	0.654 5
Atten-GCN	0.915 6	0.619 1
Atten-ResGCN	0.952 2	0.702 0

表 4-6　五种模型在 EvTouch-Objects 和 EvTouch-Containers 数据集上*F*1-*score*

模型	EvTouch-Objects	EvTouch-Containers
GNN	0.842 4	0.583 6
TAG-GCN	0.893 8	0.640 0
TAG-ResGCN	0.887 4	0.622 8
Atten-GCN	0.872 4	0.580 3
Atten-ResGCN	0.915 9	0.677 0

4.8 本章小结

提出了一种针对机械臂抓取物体触觉感知领域的分类检测算法，引入图注意力机制重构图注意力残差卷积网络 Atten-ResGCN，并与脉冲神经网络模型 SNN 结合组建脉冲图注意力残差卷积网络，在 EvTouch-Objects 和 EvTouch-Containers：两个触觉数据集上的实验结果表明，本章方法对家庭功用性部件识别检测效率和准确率均明显优于现有算法，且精度和召回率均有所挺高，为机器人利用触觉信息感知检测工具继而提供高效服务奠定基础。

参考文献

[1] Li X，Ling L. Internet of target perception event driven based on machine vision using a fast extraction algorithm[J]. International Journal of Computers and Applications，2021，43(2)：71-77.

[2] Dai Y，Xue Y，Zhang J X. Human-inspired haptic perception and control in robot-assisted milling surgery[J]. IEEE Transactions on Haptics，2020，14(2)：63-72.

[3] Yerkebulan M，Zhanat K，Huseyin A V. Deep vibro-tactile perception for simultaneous texture identification，slip detection，and speed estimation[J]. Sensors，2020，20(15)：25-30.

[4] Edoardo S，Aguiam D E，Carlos C，et al. Surface texture detection with a new sub-mm resolution flexible tactile capacitive sensor array for multimodal artificial finger[J]. Journal of Microelectromechanical Systems，2020，(99)：150-155.

[5] Liu H，Wu Y，Sun F，et al. Recent progress on tactile object recognition [J]. International Journal of Advanced Robotic Systems，2017，14(4)：1-12.

[6] 吴培良，林为梁，毛秉毅，等. 一种基于触觉信息的脉冲图注意力残差卷积物体检测算法[J]. 控制与决策，2022，37(8).

第5章 基于无码本模型的服务机器人室内功能区分类

5.1 引言

室内功能区是指根据房屋的使用功能和各共有建筑部位的服务范围而划分的区域。服务机器人室内功能区认知旨在建立一种人机共融式的功能区认知框架，机器人通过视觉系统将室内功能区场景图像捕捉到大脑，经由预先学习的认知框架加以分析，得到该场景图像的深层功能属性，这一过程与人类场景认知机理类似。本章提出了基于无码本模型的家庭服务机器人室内功能区分类方法。首先，采用SURF（加速鲁棒特征）提取算法获得底层特征；其次，考虑到本章采用的室内功能区数据集背景噪声特点，去除背景杂波的滤除过程，提高运算效率；最后，采用改进的SVM作为分类器，较现有无码本方法更加简洁高效，适用于较低配置的机器人。

5.2 系统框架

不同于词袋模型通过学习码本统计局部特征分布并对描述符进行编码的方法（见图5-1），无码本模型直接用描述符表示图像，无须预先训练码本和随后的编码，具有规避词袋模型上述限制的优势。此外，本章从底层特征与分类器两方面进行了优化改进。

本章提出的基于无码本的家庭服务机器人室内服务环境分类方法主要分为特征提取、离线构建图像表示模型和在线分类检测3个阶段[1]。

特征提取阶段：以室内环境的灰度图像作为输入，计算SURF特征描述子，获得不同场景类别的特征描述。

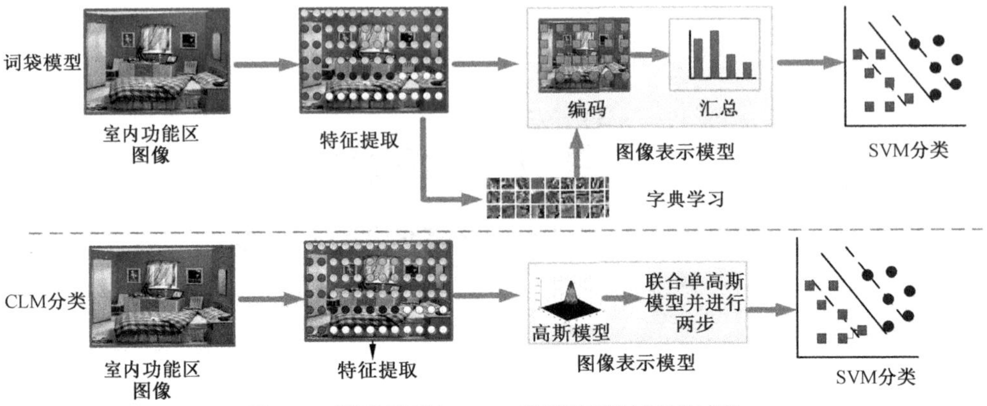

图 5-1　词袋模型与 CLM 模型构建过程及对比

离线构建图像表示模型阶段：考虑到构建码本的局限性，本章采用无码本模型替代词袋模型构建室内功能区的表示模型。首先，构建单高斯模型的图像表示；然后，使用一个有效的两步度量方法匹配高斯模型，并引入两个重要参数改进所使用的距离度量公式；最后，采用改进的 SVM 学习方法，进行室内功能区的分类。

在线检测阶段：将一组新的图像作为测试集，通过与训练的图像模型匹配，对测试集图像进行分类，通过分类精度判断模型的有效性和实用性。

5.3　基于无码本算法的功能区图像模型构建

5.3.1　提取图像特征描述符

即使同类别的两张室内功能区图像之间也会存在拍摄角度、光照变化、尺度大小等方面的差异，从而影响分类判别的精度。SURF[2] 算法是一种图像局部特征计算方法，基于物体上的一些局部外观的兴趣点而生成，对方向旋转、亮度变化、尺度缩放具有不变性，对视角偏移、仿射变换、噪声杂波也具有一定的稳定性。SURF 算法在保留了 SIFT 算法的优良性能的基础上，特征更为精简，在降低算法复杂度的同时提高了计算效率。鉴于此，本节使用 SURF 算法计算功能区场景图像特征。

基于 SURF 算法的功能区特征提取算法具体如下：

输入：室内功能区的灰度图像。

输出：室内功能区的 64 维 SURF 特征矩阵。

步骤 1：对输入图像 $\boldsymbol{I}$ 进行高斯滤波，得到滤波后的图像 $\boldsymbol{F}(\phi)$，其中 ϕ 为尺度因子。对 $\boldsymbol{F}(\phi)$ 分别求各个方向上的 2 阶导数，记为 $\boldsymbol{D}_{xx}$，$\boldsymbol{D}_{xy}$，$\boldsymbol{D}_{yy}$。

步骤 2：构造图像 $\boldsymbol{I}$ 的 Hessian 矩阵，选定某一像素的 Hessian 矩阵如式(5-1)所示：

$$\boldsymbol{H}(f,\varphi)=\begin{bmatrix}\boldsymbol{D}_{xx}(f,\phi) & \boldsymbol{D}_{xy}(f,\phi)\\ \boldsymbol{D}_{xy}(f,\phi) & \boldsymbol{D}_{yy}(f,\phi)\end{bmatrix} \tag{5-1}$$

式中，f 代表图像 $\boldsymbol{I}$ 中的某一点的像素值，$\boldsymbol{D}(f,\phi)$ 代表像素点与 2 阶导数的卷积。

步骤 3：通过对每个像素的 Hessian 矩阵求行列式的值，得到每个像素点的近似表示记为 f'，遍历每个像素的 Hessian 矩阵，得到图像 $\boldsymbol{I}$ 的响应图像 $\boldsymbol{F}'(\phi)$。

步骤 4：改变 ϕ 的值，得到不同尺度下的高斯平滑图像，形成高斯金字塔。

步骤 5：对某一像素点 f'，得到邻域内的极值，记为邻域内的特征点。

步骤 6：选取主方向，然后把正方形框分为 16 个子区域，在每个子区域内统计水平方向和垂直方向（相对主方向而言）的 Haar 小波特征，得到 64 维的图像特征向量。

5.3.2　图像高斯模型表示与匹配

给定输入图像 $\boldsymbol{I}$，通过以上方法计算其 SURF 特征，得到特征集合，记为 $\{\boldsymbol{F}_i\in\mathbf{R}^{k\times i},i=1,\cdots,P\}$。通过最大似然法，图像可以用式(5-2)的单高斯模型表示：

$$\boldsymbol{N}(\boldsymbol{F}_i\,|\,\boldsymbol{\mu},\boldsymbol{\sigma})=\frac{\exp\left(-\dfrac{1}{2}(\boldsymbol{F}_i-\boldsymbol{\mu})^{\mathrm{T}}\boldsymbol{\sigma}^{-1}(\boldsymbol{F}_i-\boldsymbol{\mu})\right)}{\sqrt{(2\pi)^k\det(\boldsymbol{\sigma})}} \tag{5-2}$$

式中，$\boldsymbol{\mu}=\dfrac{1}{P}\sum\limits_{i=1}^{P}\boldsymbol{F}_i$，$\boldsymbol{\sigma}=\dfrac{1}{P-1}\sum\limits_{i=1}^{P}(\boldsymbol{F}_i-\boldsymbol{\mu})(\boldsymbol{F}_i-\boldsymbol{\mu})^{\mathrm{T}}$ 分别是平均向量和协方差矩阵，det(·)表示矩阵的行列式。

$\boldsymbol{N}(\boldsymbol{F}_i\,|\,\boldsymbol{\mu},\boldsymbol{\sigma})$ 是 $\mathbf{R}^{k\times i}$ 空间的一个高斯分布，直接寻找模型之间的距离度量函数比较困难。文献[3]针对高维空间中的高斯分布之间的匹配提出了一种新的度量方法，即将多变量的正态分布化为黎曼对称空间。在黎曼对称空间中可以获得距离计算函数以及其他的几何数据。借鉴文献[3]的变换思路，$\boldsymbol{N}(\boldsymbol{F}_i\,|\,\boldsymbol{\mu},\boldsymbol{\sigma})$ 可被近似表示为黎曼空间中的 $(n+1)\times(n+1)$ 的对称矩阵：

$$\boldsymbol{N}\rightarrow\boldsymbol{G}\approx(\det\boldsymbol{\sigma})^{-\frac{2}{n+1}}\begin{bmatrix}\boldsymbol{\sigma}^2+\boldsymbol{\mu}\boldsymbol{\mu}^{\mathrm{T}} & \boldsymbol{\mu}\\ \boldsymbol{\mu}^{\mathrm{T}} & \mathbf{1}\end{bmatrix} \tag{5-3}$$

详细的简化跟嵌入过程可以参考文献[3-4]。

通过文献[3]的方法 $\boldsymbol{N}(\boldsymbol{F}_i|\boldsymbol{\mu},\boldsymbol{\sigma})$ 被唯一地表示为对称矩阵 $\boldsymbol{G}$，这与张量空间存在一一对应的关系，故可以通过矩阵指数将加法和标量乘法传递到张量空间，进而张量空间中的对数加法和对数标量乘法可以被定义为：

$$\begin{cases}\boldsymbol{G}_1 \oplus \boldsymbol{G}_2 \overset{\text{def}}{=\!=\!=} \exp(\log(\boldsymbol{G}_1)+\log(\boldsymbol{G}_2)) \\ \lambda \otimes \boldsymbol{G} \overset{\text{def}}{=\!=\!=} \exp(\lambda \cdot \log(\boldsymbol{G}))=\boldsymbol{G}^{\lambda}\end{cases} \tag{5-4}$$

当只考虑张量空间上的乘法时，它就有一个李群结构[5]，李群结构中的黎曼空间的度量可以使用欧几里得度量标准代替，则对称矩阵之间的距离公式可以被定义为：

$$d(\boldsymbol{G}_1,\boldsymbol{G}_2)=\|\log(\boldsymbol{G}_1)-\log(\boldsymbol{G}_2)\|^{\text{F}} \tag{5-5}$$

5.3.3 图像高斯模型的优化

在实际应用中会发现，平均向量跟协方差矩阵在维度上会有很大的差别，平衡二者的作用显得尤为重要，文献[5]中提出了通过引入平衡参数的方法，平均二者的作用。参数的具体引入算法描述如下：

输入：由将 $\boldsymbol{N}(\boldsymbol{F}_i|\boldsymbol{\mu},\boldsymbol{\sigma})$ 化为对称矩阵过程中涉及的嵌入矩阵。

输出：加入平衡参数后的优化高斯模型。

步骤 1：在 π 函数中引入参数 $\beta>0$，则新的嵌入矩阵可以表示为：

$$\pi(\beta):\boldsymbol{N}(\boldsymbol{\mu},\boldsymbol{\sigma})\mapsto \boldsymbol{A}=\begin{bmatrix}\boldsymbol{P} & \beta\boldsymbol{\mu} \\ \boldsymbol{o}^{\text{T}} & \boldsymbol{1}\end{bmatrix} \tag{5-6}$$

步骤 2：引入第 2 个参数 ρ 到协方差矩阵，用来缓解最大似然估计值随着特征值的收缩增大的情况，则新的协方差矩阵的特征值分解表示为：

$$\boldsymbol{\sigma}^{\rho}=\boldsymbol{U}\text{diag}(\lambda_i^{\rho})\boldsymbol{U}^{\text{T}},0\leqslant\rho\leqslant 1 \tag{5-7}$$

步骤 3：将新的协方差矩阵代入嵌入矩阵，获得优化后的嵌入矩阵表达式：

$$\boldsymbol{N}(\boldsymbol{\mu},\boldsymbol{\sigma})\sim \boldsymbol{S}(\boldsymbol{\beta},\boldsymbol{\rho})=\begin{bmatrix}\boldsymbol{\sigma}^{\rho}+\beta^2\boldsymbol{\mu}\boldsymbol{\mu}^{\text{T}} & \beta\boldsymbol{\mu} \\ \beta\boldsymbol{\mu}^{\text{T}} & \boldsymbol{1}\end{bmatrix} \tag{5-8}$$

步骤 4：计算优化后的模型距离度量公式：

$$d_{\boldsymbol{N}_i,\boldsymbol{N}_j}=\|\boldsymbol{G}_i(\beta,\rho)-\boldsymbol{G}_j(\beta,\rho)\|_{\text{F}} \tag{5-9}$$

式中，$\boldsymbol{N}_i$ 和 $\boldsymbol{N}_j$ 为 2 个独立的高斯模型。

5.3.4　学习改进的 SVM 分类器

本章通过采用对数-欧氏计算框架，得到了基于线性空间的高斯模型匹配度量公式(5-9)，故可以采用线性分类器对数据进行分类。常见的线性分类器有逻辑回归、SVM、感知机、K 均值法等。将 SVM 分类器用于本章中功能区分类具有如下优势：(1) SVM 以结构化风险最小为优化目标，相较于其他几种分类器具有更强的泛化能力；(2) 家庭服务机器人的应用场景主要为室内，功能区样本集种类有限，而 SVM 在少量的支持向量的基础上确定的分类超平面，其受样本数量的影响较小，具有很好的鲁棒性；(3) 本章采用无码本模型构建的室内功能区表示模型，相较于传统基于码本的表示方法维度较高，SVM 提供了一种规避高维空间复杂性问题的思路，即直接用此空间的内积函数(核函数)，结合在线性可分情况下的求解方法，直接求解高维空间的决策问题。基于上述考虑，故本章采用 SVM 作为最终的分类器。

给定 $\boldsymbol{N}$ 个输入图像的 SURF 特征作为训练样本，$\{\boldsymbol{x}_n, n \in [1, N]\}$ 与线性 SVM(LRSVM)联合学习的目标函数公式为

$$\max \frac{1}{\|\boldsymbol{w}\|} \quad \text{s.t.} \quad \boldsymbol{y}_i(\boldsymbol{w}^{\mathrm{T}}\boldsymbol{x}_i + \boldsymbol{b}) \geqslant 1, i = 1, \cdots, N \tag{5-10}$$

式中，$\boldsymbol{w}, \boldsymbol{b}$ 是 SVM 的参数；$\boldsymbol{y}_n$ 是特征 $\boldsymbol{x}_n$ 的对应类别标签。通过引入拉格朗日算子 α，目标函数可以表示为：

$$L(\boldsymbol{w}, \boldsymbol{b}, \alpha) = \frac{1}{2}\|\boldsymbol{w}\|^2 - \sum_{i=1}^{n}\alpha_i(\boldsymbol{y}_i(\boldsymbol{w}^{\mathrm{T}}\boldsymbol{x}_i + \boldsymbol{b}) - 1) \tag{5-11}$$

通过分类超平面的定义，在满足约束条件的前提下，通过将特征矩阵 $\boldsymbol{x}_i$ 和 $\boldsymbol{w}$ 代入可以得到分类函数的表达式：

$$f(\boldsymbol{x}) = (\sum_{i=1}^{n}\alpha_i\boldsymbol{y}_i\boldsymbol{x}_i)^{\mathrm{T}}\boldsymbol{x} + \boldsymbol{b} = \sum_{i=1}^{n}\alpha_i\boldsymbol{y}_i < \boldsymbol{x}_i, \boldsymbol{x} > + \boldsymbol{b} \tag{5-12}$$

该目标函数对线性可分的数据处理能力比较强，但对于高维空间中夹带噪声的数据区分能力较弱，在此基础上，对传统的 SVM 作进一步的推广改进，得到新的拉格朗日函数为：

$$L(\boldsymbol{w}, \boldsymbol{b}, \xi, \alpha, r) = \frac{1}{2}\|\boldsymbol{w}\|^2 + C\sum_{i=1}^{n}\xi_i - \sum_{i=1}^{n}r_i\xi_i - \sum_{i=1}^{n}\alpha_i(\boldsymbol{y}_i(\boldsymbol{w}^{\mathrm{T}}\boldsymbol{x}_i + \boldsymbol{b}) - 1 + \xi_i) \tag{5-13}$$

$\xi_i \geqslant 0$ 为松弛向量，对于特征数据 $\boldsymbol{x}_i$ 允许偏移的量。再次将 $\boldsymbol{w}$ 和 $\boldsymbol{x}_i$ 的值代回到拉格朗日函数，经过化简，整个对偶问题可以表示为：

$$\max_{\alpha} \sum_{i=1}^{n} \alpha_i - \frac{1}{2} \sum_{i,j=1}^{n} \alpha_i \alpha_j \boldsymbol{y}_i \boldsymbol{y}_j < \boldsymbol{x}_i, \boldsymbol{x}_j > \text{ s.t. } \quad 0 \leqslant \alpha_i \leqslant C, i = 1, \cdots, n, \sum_{i=1}^{n} \alpha_i \boldsymbol{y}_i = 0 \tag{5-14}$$

改进后的 SVM 具有线性数据和非线性数据的处理能力，并且能够容忍噪声和野值点，适宜于室内功能区图像经过无码本模型表示后的高维特征数据的分类。

5.3.5 室内功能区建模算法描述

输入：5 种室内功能区的灰度级图像。

输出：室内功能区表示模型。

步骤 1：在 5 种室内功能区的灰度级图像上计算 SURF 特征描述子；

步骤 2：运用空间金字塔匹配方法[6]，将功能区图像分成一些规则的区域，金字塔层数记为 L，N_l 为第 l 层的区域；

步骤 3：在每个区域上，运用最大似然法，联合平均向量和协方差矩阵，构建一个单高斯模型，并引入参数 β 和 ρ 作为平均向量和协方差矩阵平衡因子；

步骤 4：连接各区域得到的单高斯模型，每个高斯模型由 $\dfrac{1/N_l}{\sum_{l=1}^{L} 1/N_l}$ 进行加权，由连接后的混合高斯模型表示整体的功能区图像；

步骤 5：由混合高斯模型表示的整体功能区图像数据，联合 SVM 训练用于功能区图像的分类器。

5.4 在线检测算法

为了验证本方法的可靠性和实用性，选取新的图片作为测试集对模型进行匹配检验。

输入：5 种室内功能区的灰度级图像。

输出：室内功能区分类精度及其分类混淆矩阵。

步骤 1：选取不同于训练集的 5 种室内功能区图像各 20 张组成测试集，并在功能区灰度级图像上计算 SURF 特征描述子，为了确保协方差矩阵是正定的，设置图像的宽度和高度的最小尺寸为 64；

步骤 2:在室内功能区图像上依照离线训练阶段基于无码本模型的建模方法,构建测试集中是室内功能区的图像表示模型;

步骤 3:将室内功能区的图像表示模型分别送入 SVM 分类器进行分类检验,得到各自的分类精度、分类效率以及分类混淆矩阵。

5.5　实验

5.5.1　实验数据集

本章采用 Scene 15 数据集,针对家庭服务机器人室内服务环境分类问题验证所提出的模型的性能。该数据集收集了包括室内和室外共 15 种场景,室内场景有卧室(bedroom)、厨房(kitchen)、客厅(living room)、办公室(PAR office)、商店(store) 5 种场景。考虑到家庭服务机器人工作于室内环境,故在该数据集中的 5 种室内场景上检验本章提出的模型的性能。该数据集的 5 种室内场景数据中,每种场景都包含 200 多张不同格局布置的图像,是目前研究室内场景分类判别问题比较理想的数据集。本章每种场景分别选取 40 张图像作为训练集,20 张图像组成测试集,5 种场景的示例图片如图 5-2 所示。

图 5-2　5 种室内场景示例

5.5.2　实验结果及分析

本章采用 SURF 特征提取算法计算图像的特征描述符。将 SURF 特征与图像的位置信息、尺度信息、梯度信息[7]和熵进行联合,构建了图像的高斯模型表示。实验运行于配备 i5-4590 CPU 和 8G 内存的 PC 上。

从表 5-1 给出的实验结果中可分析得出以下结论：对于 5 种场景的分类情况，本章所使用的无码本模型对每类场景的分类精度与分类效率都高于文献[8]和文献[9]的方法。对比文献[8]的方法，由于本章方法省去了视觉词典的构建以及码本的编码过程，因此模型的构建速度得到大幅度提升，且降低了对计算设备的配置要求，更具实用性和推广性。文献[9]首先采用 SIFT 特征提取算法计算图像的多尺度特征，其次加入了背景滤波的方法对图像特征加以筛选，然后基于无码本模型表示图像，最后采用低秩变换 SVM 进行分类。对比文献[9]采用的方法，首先，本章采用 SURF 算法计算图像底层特征，在很大程度上降低了特征的维度计算，此外，鉴于采用低秩变换后的 SVM 会丢失图像信息，降低分类精确率，故本章并未采用低秩变换。

表 5-1　本章算法与其他算法的性能对比分析

方法	单类分类正确率					平均正确率	样本分类平均时间
	卧室	厨房	客厅	办公室	商店		
文献[8]	65.00%	60.00%	70.00%	65.00%	95.00%	71.00%	0.36 s
文献[9]	95.00%	75.00%	98.33%	73.33%	93.33%	87.00%	0.51 s
本章方法	95.00%	80.00%	95.00%	86.67%	98.33%	91.04%	0.36 s

图 5-3 给出了一次实验的分类混淆矩阵，图 5-3(a)是词袋模型与 SVM 相结合的分类结果，图 5-3(b)是无码本模型与 SVM 相结合的分类结果，可以看出使用词袋模型时室内场景的分类混淆情况是比较严重的，而本章采用的方法具有很好的鲁棒性。

分类器的选择与分类结果是相互耦合的关系，所以为了验证本章采用的分类器的合理性，本章做了进一步的验证实验，分别对比了 AdaBoost 分类器、随机森林分类器和本章所用 SVM 分类器的性能。从表 5-2 的实验结果来看，无论是在基于词袋模型的场景分类实验中，还是在本章提出的模型实验中，分类器的不同会对分类精度和分类效率产生明显的影响。本章使用的分类方法，分类精度理想，分类效率高，满足了服务机器人实时自主作业的要求。

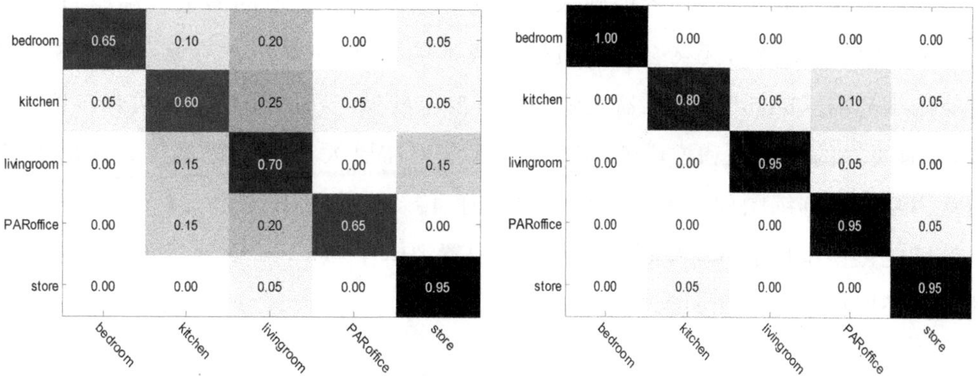

(a) BOW+SVM　　　　(b) 无码本+SVM

图 5-3　不同模型下的分类混淆情况对比

表 5-2　不同分类器下的分类结果对比分析

方法	单类分类正确率					平均正确率	样本分类平均时间
	卧室	厨房	客厅	办公室	商店		
文献[8]方法	65.00%	60.00%	70.00%	65.00%	95.00%	71.00%	0.36 s
文献[8]方法＋AdaBoost 分类器	45.00%	30.00%	60.00%	60.00%	70.00%	53.00%	0.40 s
本章方法	95.00%	80.00%	95.00%	86.67%	98.33%	91.04%	0.36 s
本章方法＋AdaBoost 分类器	96.67%	83.33%	83.33%	66.67%	91.67%	84.33%	142.27 s
本章方法＋随机森林分类器	90.00%	68.33%	93.33%	80.00%	93.33%	85.00%	668.80 s

5.6　本章小结

本章在以 SURF 特征为底层特征的基础上，不再采取传统的基于词袋理论构建图像表示模型的研究思路，而是采用无码本模型与改进 SVM 分类器联合使用，展开了对室内场景的分类研究。在 Scene 15 数据集上对本章方法进行性能评估，实验结果显示本章方法大幅度提升了室内功能区场景的分类准确性，实现了家庭服务机器人对室内服务环境进行分类的研究目标。相对于备受青睐的深度学习算法，本章之所以选择较为传统的算法，主要出于以下几点考虑：首先，本章研究围绕服务机器人室内功能区认知问题展开，考虑到深度学习算法对硬件设备的需求较高(往往需要高性能 CPU 的支持)，无疑会导致机器人成本的提高，本章方法在满足服务机器人功能区认知需求的同时，对机器人硬件配置要求较低，普通 CPU 下即可保证实时运行，具有更好的实用性和推广性；其次，深度学习需要大量的训练集作为数据支撑，当室内功能区训练图像的种类和样本有限时，传统方法更有优势。本章下一步工作是继续优化模型性能，以期在较低的硬件配置要求下，进一步提高家庭服务机器人的服务环境认知能力和人机共融程度。

参考文献

[1] 吴培良，李亚南，杨芳，等. 一种基于 CLM 的服务机器人室内功能区分类方法[J]. 机器人，2018，40(3)：188-194.

[2] Na Y，Liao M M，Jung C. Super-speed up robust features image geometrical registration algorithm[J]. IET Image Processing，2016，10(11)：848-864.

[3] Lovric M，Min-Oo M，Ruh E A. Multivariate normal distributions parametrized as a Riemannian symmetric space[J]. Journal of Multivariate Analysis，2000，74(1)：36-48.

[4] Amari S. Differential geometry of statistical models[M]//Lecture Notes in Statistics，vol. 28. Berlin，Germany：Springer-Verlag，1985：11-65.

[5] Pennec X. Probabilities and statistics on Riemannian manifolds：A geometric approach[M]//Nice，France：INRIA，2004.

[6] Song Y，Li Q，Huang H，et al. Low dimensional representation of Fisher vectors for microscopy image classification[J]. IEEE Transactions on Medical Imaging，2017，36(8)：1636-1649.

[7] Carreira J，Caseiro R，Batista J，et al. Free-form region description with second-order pooling[J]，IEEE Transactions on Pattern Analysis and Machine Intelligence，2015，37(6)：1177-1189.

[8] Lazebnik S，Schmid C，Ponce J. Beyond bags of features：Spatial pyramid matching for recognizing natural scene categories[C]//Proceedings of IEEE Computer Society Conference on Computer Vision and Pattern Recognition. Piscat-

away,USA:IEEE,2006:2169-2178.

[9] Wang Q L,Li P H,Zhang L,et al. Towards effective codebookless model for image classification[J]. Pattern Recognition,2016,59(S1):63-71.

第6章　基于预训练网络的室内功能区快速分类

6.1　引言

服务机器人的室内功能区指的是服务机器人通过视觉传感器等系统提取环境信息，通过数学模型进行信息提取，最终获得视觉图像对应的功能信息的过程。室内功能区的分类感知，对机器在室内环境下进行分析决策、人机交互都具有重要意义[1]。

尽管近些年来深度学习方法在视觉任务上取得了巨大的进步，从 AlexNet 到 GoogleNet 再到 ResNet，不断涌现出更深、分类性能更加优秀的网络，但相比与一般的场景分类任务，面向服务机器人的室内功能区分类具有如下挑战：

（1）数据采集问题。室内环境作为居住单位，存在数据隐私性的问题，具有采集上的困难，很难有像 imagenet 这样的数据集，因而会给海量参数的深度学习模型带来应用困难。

（2）遮挡问题。相较于室外图像，室内图像中的杂乱程度更高，遮挡情况更加严重，也难获取有效的特征提取子描述图像中丰富的语义特征。

（3）轻量化要求。模型部署在移动端时，往往受到硬件算力性能的要求，参数量过于庞大的模型会给移动端的感知推理带来很大负担，难以适应实时性应用的需要[2]。

近年来，由于深度学习的爆炸式发展，大量的深度图像分类网络被提出：2012 年 Kpizhenvsky 等人[3]提出了 AlexNet 结构，2014 年牛津大学和 Deepmind 公司提出了深度达到 16～19 层的深度卷积网络，以 VGG 网络[4]提取特征的方法开始被应用到各种领域，ResNet[5]通过引入残差块使得深度网络在增加深度的同时保证了效率，将网络深度提升到了前所未有的程度，在分类效果上取得了巨大进步。这些含有海量参数的深层网络具有强力的数据表征能力。但是，深层结构在带来强有力的数据表征能力时，也给计算带来巨大负担。在没有高效 CPU 资源的移动端上，很难满足实时推理的要求。在 2016 年，轻量化模型设计取得了重大进展，MobileNet[6]、ShuffleNet[7]和 XcepitonNet[8]以稍微牺牲精度为代价，通过使用深度可分离卷积、网络搜索、模型剪枝，在减少模型参数和缩小网络体积的角度上取得了重大进展。

综合网络轻量化技术和迁移学习方法，本章提出了基于可分离卷积和迁移学习策略的服务机器人室内功能区分类方法。

6.2　系统框架

由于移动端的机器人受到算力的约束，模型的参数量和推理时间要受到限制。本章采用 MobileNet V3 作为模型的卷积器，卷积器作为图像的特征提取器，从图像数据中提取大量的高维特征。

为了解决室内数据集的采集困难的问题，进一步采用了迁移学习的策略，首先让 MobileNet V3 网络在 CIFAR-100 数据集进行预训练获取权重，剔除掉预训练模型的线性分类器之后，将其余的网络层作为卷积器并冻结卷积器的权重，并使用新的线性层作为分类器，之后在室内场景数据集上仅仅对最后的分类层的参数梯度进行更新。最终，模型被部署到了移动机器人端进行推理速度验证。

6.3　MobileNet V3 轻量级深度卷积网络

近年来，由于网络结构搜索技术的进步，例如 NAS 算法，使得一些网络设计技巧——深度可分离卷积、H-Swish 等技术产生了有效的堆积和配合，通过网络搜索技术有效地得出分类效率良好并且推理速度优良的网络结构，大大减少了网络的参数量，MobileNet V3 正是这样的一种网络。通过网络搜索技术，与 MobileNet V2 相比，MobileNet V3 在 Bottlenet 当中引入了 SE 结构，并且放在了深度可分离卷积之后。MobileNet V3 在 imageNet 分类任务上比 MobileNet V2 精度提升了 4.6%，推理速度下降了 5%。MobileNet V3 的网络结构如图 6-1 所示。

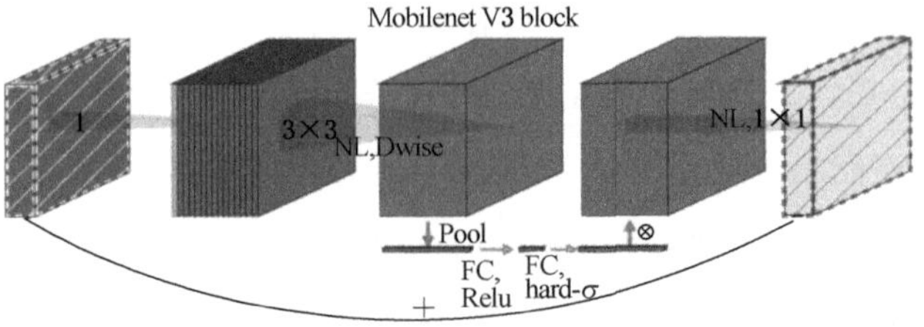

图 6-1 MobileNet V3 的网络结构

6.4 深度可分离卷积

在正常卷积当中,卷积核是针对所有的通道设计。每当增加图像的一个属性时,卷积核就要增加一个。在深度卷积当中第一步对于三个通道做卷积,再通过 pointwise 卷积核,实质上深度卷积就是通过两次卷积实现的。研究表明,深度可分离卷积和正常卷积是等价的,在提取属性数较少的时候,正常卷积占有优势,但随着网络要提取属性数目的增多,深度可分离卷积可以节省出更多参数。深度可分离卷积计算示意图如图 6-2 所示。

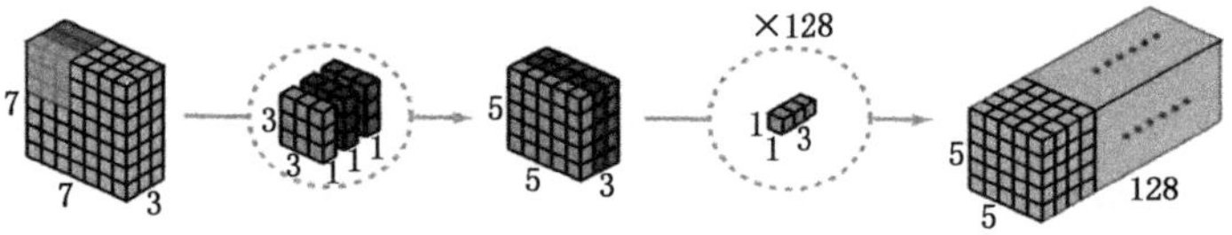

图 6-2 深度可分离卷积计算示意图

6.5 特殊的网络尾部结构

本章对传统的 MobileNet V3 进行了网络尾部处理,去掉了 avgpool 的 1×1 卷积,并且去掉了 MobliNet V3 中的 3×3 卷积,都进一步减少了计算量,然而精度并没有损失。本章所进行的尾部处理如图 6-3 所示。

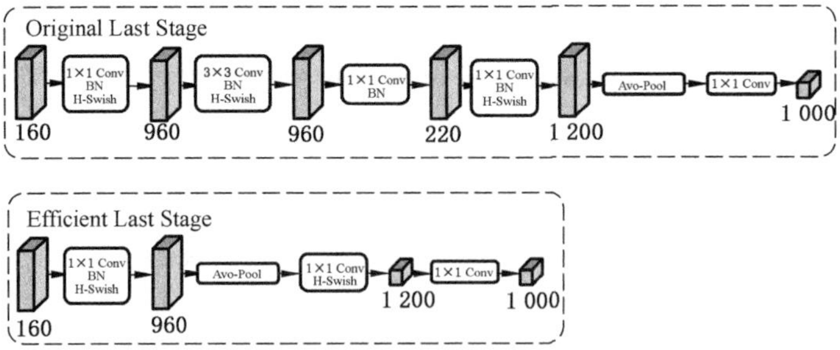

图 6-3 网络尾部结构

6.6　迁移学习策略

经过我们的实验验证，尽管深度卷积网络具有非常强大的表示能力，但是由于室内数据集往往体积较小，并且在一些场景中（例如超市场景中），复杂的物体堆叠和遮挡关系并不能帮助神经网络学习到更加清晰的语义特征，因而直接在数据集上训练的结果并不理想。迁移学习策略能够较好地弥补卷积神经网络在这类任务上的不足。

我们使用了大数据集预训练＋室内数据集微调的方式，将大数据集上训练得到的网络，去掉最后一层分类层之后，作为特征提取器，再加上一个 Softmax 分类器之后重新在室内数据集上进行训练。本章所采用的迁移学习流程如图 6-4 所示。

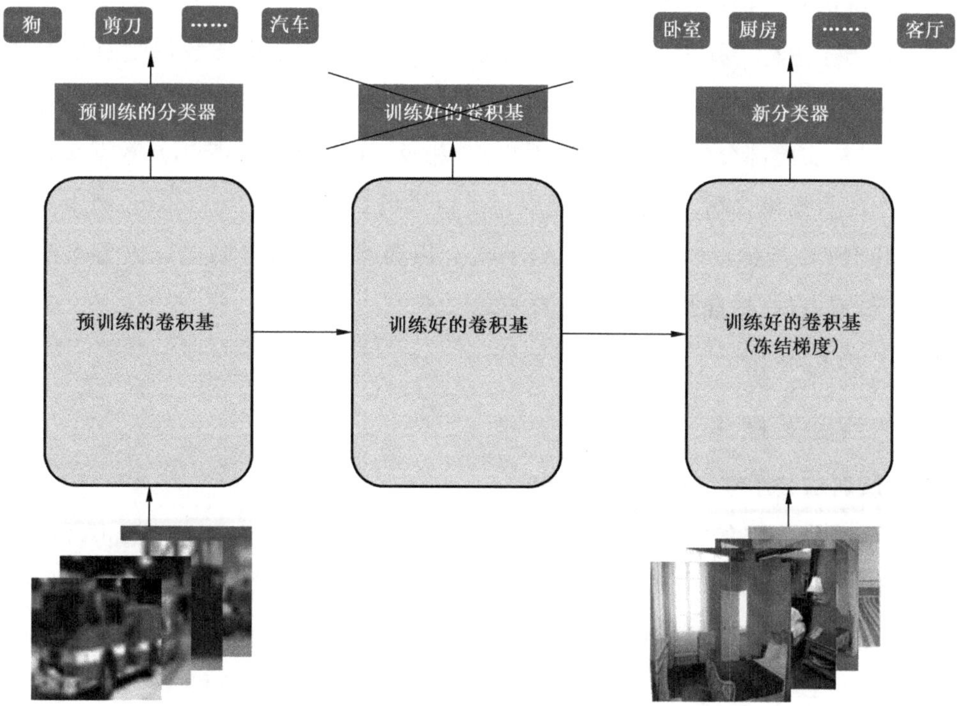

图 6-4　迁移学习流程

实验表明，预训练策略对于改进模型分类精度具有重要意义，从预训练中获取的卷积器的参数蕴含着原领域的一些特征信息，设计合理的预训练方法对于提升网络性能具有重要意义。对于一个功能区而言，功能区的可能是由许多关键性物品确定的，比如如果一个空间内有枕头，那么，这个功能区很可能与睡眠有关系；如果一个空间内有餐桌、盘子、勺子，那么这个功能区就很可能与就餐有关。相比于纹理特征、边缘特征而言，视觉信息中图像局部的一些语义特征对分类可能更有帮助。

基于以上想法，本章提出了 ISEC 指标——中层语义提取能力度量指标，该指标可以对不同的预训练方法提取中层语义特征的能力进行量化，通过该指标，我们筛选出了 MobileNet V3＋CIFAR100 数据集作为我们的预训练方案。

（1）ISEC 中层特征提取能力指标

ISEC 指标的计算方法是基于 Gradcam 热力图的梯度信息进行计算的。

（2）预训练数据集的挑选

预训练的特征提取器相当于浓缩了预训练数据集的知识，在目标数据集上的再次训练相当于进行了知识的迁移，因而，如何选择适当的与训练数据集对提升模型性能的影响很大，在 Resnet50 上使用 ImageNet 数据集做预训练，性能的提升非常有限(可以从实验部分的表 6-1 直观看出)。相反，在使用 CIFAR-100 数据集这样的背景纯净的数据集之后，模型的性能取得了巨大的提升。通过 gradcam 产生的热力图分析和 ISEC 指标可以发现，CIFAR100 上预训练的模型可以提取出更多的中层语义特征，或者说，更能提取出分类的关键位置。

6.7 实验与分析

6.7.1 实验数据集

1. 预训练数据集——CIFAR-100

CIFAR 是由加拿大先进技术研究院的 AlexKrizhevsky、Vinod Nair 和 Geoffrey Hinto 收集而成的 8 000 万小图片数据集。CIFAR-100 由 60 000 张图像构成，包含 100 个类别，每个类别 600 张图像，其中 500 张用于训练，100 张用于测试。其中这 100 个类别又组成了 20 个大的类别，每个图像包含小类别和大类别两个标签。包括各种户外场景和物体。数据集的示例图像如图 6-5 所示。

图 6-5　CIFAR-100 图像

2. 场景数据集——Scene 15

Scene 15 数据集是一个经典的场景数据集，共包括室内和室外 15 个场景，室内场景有卧室、厨房、客厅、办公室、商店 5 种场景。考虑到我们模型的引用背景，我们采用 5 种室内场景检验本章提出的模型，本章中每种场景选取 80%的图像作为训练集，10%的图像作为验证集，10%的图像作为测试集。数据集的示例图像如图 6-6 所示。

卧室　　厨房

图 6-6　Scene 15 数据集示例图像

6.7.2 实验结果及分析

本章采用在 CIFAR 上预训练的 MobileNet V3 网络进行特征提取，将 MobileNet V3 的卷积器提取的特征导入全连接层进行分类，算法使用 Pytorch 编写，运行在 i5-7 代 CPU 和 8G 内存的 PC 上。

实验部分我们采取了 SPM 方法、CLM 方法，以及深度学习方法——GoogleNet 和 ResNet，并且提供了在预训练和无预训练状态下的性能分析。为了兼顾移动端部署的需要，实验结果采取了多类混淆矩阵、分类精度、推理速度作为参考指标。

从表 6-1 提供的推理速度数据上我们可以看出 MobileNet V3 方法在推理速度上相较于两种有码本和无码本的传统方法具有极大的优势，在取得更加理想的分类精度的同时，在推理速度上也取得了极大的进步。相较于同类的 ResNet 的分类方案，和 ResNet+ImageNet 数据集的预训练方案，模型在精度和性能上都有较大优势，为在室内服务机器人上部署视觉模型提供了便利。

表 6-1 模型推理精度与速度分析

方法	单分类正确率					平均正确率	推理速度/ms
	卧室	厨房	客厅	办公室	商店		
SPM	95.00%	80.00%	70.00%	65%	84.14%	71.00%	—
无码本 CLM	95.00%	80.00%	95.55%	86.67%	84.14%	91.00%	约 360
MobileNet V3	73.90%	28.10%	80.00%	91.60%	92.30%	76.00%	50.23
ResNet	73.90%	78.13%	75.00%	91.66%	61.50%	82.25%	221.75
GoogleNet	86.95%	62.50%	95.00%	91.60%	76.90%	84.75%	151.826
Pretrained ResNet50 (ImageNet)	91.30%	71.80%	90.00%	97.22%	92.23%	83.50%	176.26
Pretrained MobileNet V3 (CIFAR-100)	63.11%	84.30%	95.00%	91.60%	76.90%	91.82%	63.11

图 6-8 给出了几种方法 20 次实验的平均分类混淆矩阵，展示了 MobileNet V3 和在 CIFAR100 上预训练的 MobileNet V3 的实验的结果，实验结果说明，在室内功能区分类上使用在 CIFAR100 预训练策略可以明显地提升模型分类的精度，降低混

淆程度。无预训练模型的 ResNet 模型和 MobileNet V3 的实验表现可以表明在大幅降低参数量的前提下，MobileNet V3 模型仍然可以较为完好地保全模型分类性能。

由于迁移学习的预训练方法和分类网络是相互耦合的关系，本章作了进一步实验验证。从模型可解释性上，由于不同的迁移学习预训练方案对应不同的中层特征提取方法，本章使用 Gradcam 技术对 ResNet 上的不同预训练方案的热度图进行了分析。实验表明 CIFAR100 数据集相较于 ImageNet 数据集虽然数据量和目标类都较少，但是在中层功能性物品的视觉特征提取上具有良好的性能。

不同方法的分类混淆情况对比如图 6-7 所示。

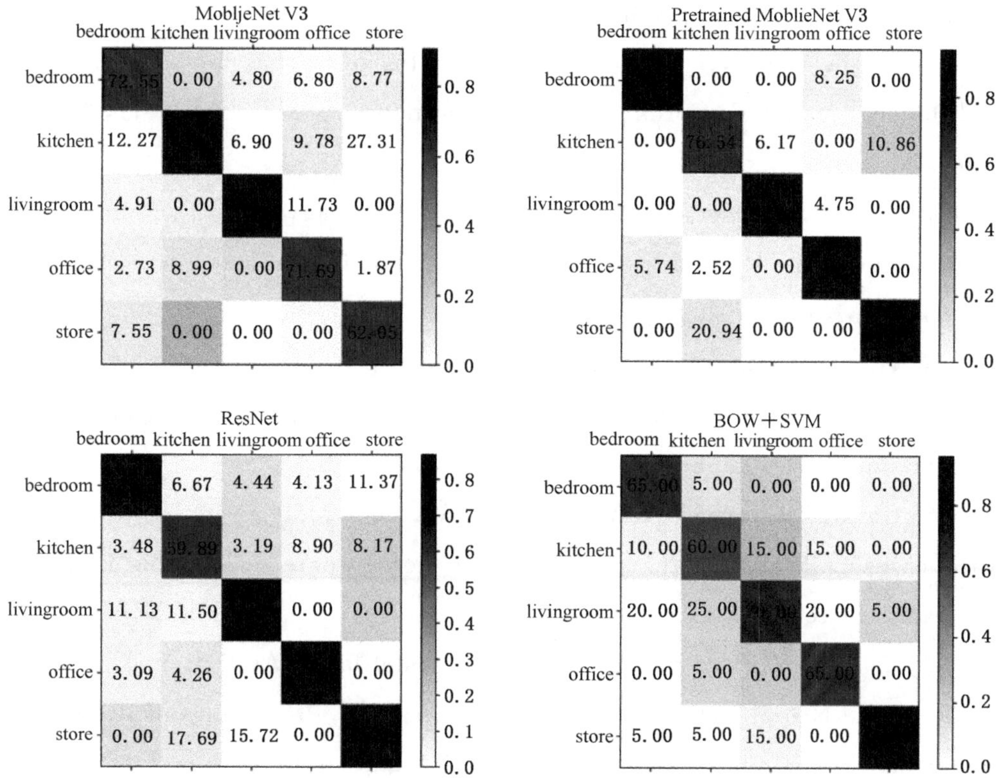

图 6-7 不同方法的分类混淆情况对比

6.8 本章小结

本章在 MobileNet 轻量化网络的基础上，不再采取传统的有码本和无码本方法，而是采取迁移学习和 MobileNet V3 轻量化网络，展开了对于室内场景分类的分类研究，在 Scene 15 数据集上进行了性能评估，实验结果表明本文的方法无论是相对于经典的深度神经网络方案还是传统机器学习方法，在推理速度和预测精度上都具有很大的优势。

参考文献

[1] 吴培良，李亚南，杨芳，等. 一种基于 CLM 的服务机器人室内功能区分类方法[J]. 机器人，2018，40(3)：188-194.

[2] 杨永涛，黄国言，吴培良. 一种利用关键点提取的改进 ICP 三维彩色点云场景配准方法[J]. 小型微型计算机系统，2017，38(9)：2139-2145.

[3] Krizhevsky A，Sutskever I，Hinton G. ImageNet classification with deep convolutional neural networks[J]. Communications of the ACM，2017，60(6)：84-90.

[4] Mallat S. Understanding deep convolutional networks[J]. Philosophical Transactions of the Royal Society A：Mathematical，Physical and Engineering Sciences，2016(374)：20150203.

[5] He K M，Zhang X Y，Ren S Q，et al.，Deep Residual Learning for Image Recognition[C]//Proceedings of IEEE Conference on Computer Vision and Pattern Recognition，IEEE Computer Society，2016：770-778.

[6] Gavai N R，Jakhade Y A，Tribhuvan S A，et al. MobileNets for flower classification using TensorFlow[C]//2017 International Conference on Big Data，IoT and Data Science (BID). IEEE，2017：154-158.

[7] Zhang X Y，Zhou X Y，Lin M X，et al.，ShuffleNet：An Extremely Efficient Convolutional Neural Network for Mobile Devices[C]//Proceedings of IEEE/CVF Conference on Computer Vision and Pattern Recognition，IEEE Computer Society，2018：6848-6856.

[8] Chollet F. Xception：Deep Learning with Depthwise Separable Convolutions [C]//Proceedings of 30th IEEE Conference on Computer Vision and Pattern Recognition，IEEE，2017：1800-1807.

第7章　基于 CNN 和 Dueling DQN 的机器人功能区导航技能学习

7.1　引言

在服务环境中自主导航是家庭服务机器人所应具备的重要技能，然而，当家庭服务机器人利用传统方法，如 D* 算法[1]、人工势场[2]、蚁群算法[3]等进行导航技能学习时，普遍存在成功率偏低、训练时间长、难以达到最优解等问题。因此，如何解决上述问题从而提升家庭服务机器人导航性能是亟待研究的问题。

2015 年，DeepMind 提出了结合深度学习技术和强化学习思想的 Deep Q-Network (DQN)，并在一些平台类游戏领域达到了人类的智能水平[4]。从此，深度强化学习作为一项新兴的机器人学习方法得到迅速发展。在机器人导航领域，基于 DQN 的导航技能学习核心思想就是通过智能体与环境交互，根据环境反馈的奖励，制定下一步的行动策略，从而使机器人具备自主规划与避障能力。文献[5]提出了一种将神经网络和 Q 学习联合应用于导航技能学习的方法，这种方法存在难以对连续输出的动作作出合理选择的问题。Heess[6]设计了两个重放缓冲器以缩短最后策略，虽然在成功率上有所提高，但没有利用策略梯度对深度 Q 网络进行优化，导致训练时间过长。

本章针对传统强化学习算法在机器人导航领域存在的训练时间长、Q 值过估计、避障成功率低等问题，提出了一种结合卷积神经网络(CNNs)和决斗网络架构(Dueling DQN)的 CDDN 导航技能学习算法[7]。首先，利用视觉传感器代替传统的激光测距传感器，基于卷积神经网络在图像处理方面的优势，将经过卷积神经网络处理后的数据传入决斗网络架构的经验池中。然后，引入经验回放机制(Experience playback)对数据进行批处理,根据价值状态选择下一步的动作后反向传播更新Q值。最后,设计了对比实验,验证了基于CDDN的机器人导航技能学习方法在解决家庭服务机器人导航中Q值估计过高、成功率低等问题的有效性。

7.2 系统框架

基于视觉传感器的机器人导航技能学习问题可以看作是机器人通过摄像机与环境进行交互,进行路径规划和动态避障的决策过程。本章研究的基于值函数的深度强化学习整体框架CDDN主要分为3个部分,整体流程如图7-1所示。

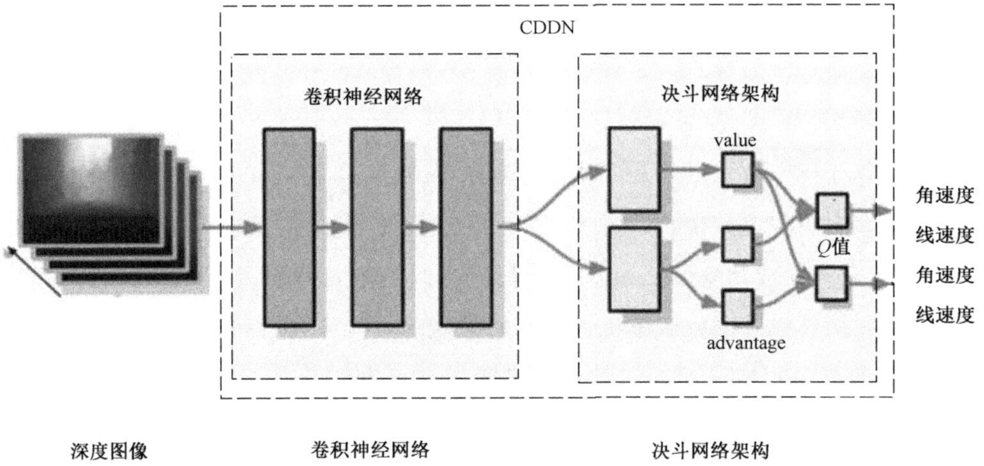

图 7-1 整体模块框架

其中,第一部分是输入数据。第二部分是已经训练好的卷积神经网络模型,该部分的作用是对上一步传入的数据进一步处理,从而得到特征向量输入下一步。第三步是已经构建的决斗网络架构,在此架构中神经网络的输出层划分为Value和Advantage,此举是在深度强化学习技术DQN基础上的改进,解决了Q值过估计的问题。再根据前一步传出的数据,最终经过分类,得到家庭服务机器人在运行过程中应该采取的角速度和线速度值,从而进行在室内环境下导航技能学习。

7.3 卷积神经网络构建

7.3.1 卷积层构建

目前主流的导航任务均是基于激光测距传感器进行学习的,本章采用视觉传感器感知和采集外部信息。考虑到卷积神经网络对多维度的分类问题(特别是图像领域)有着较好的分类效果,因此采用了卷积神经网络对家庭服务机器人所感知的外部信息先作预处理。

将导航基于视觉而非激光测距,考虑到将家庭服务机器人的传感器集成在视觉方面,省去了建立视觉和测距两种传感器所带来的机器人处理能力不足等问题,同时也节约了成本。

因为本章的数据是以视觉的形式作为输入,而传统神经网络在对图像处理方面要调整的参数量非常多,且计算量巨大。在家庭服务机器人导航任务中,提升导航成功率主要解决的是家庭服务机器人在进行下一步动作之前的决策问题。其主要目的是在智能体的决策中借助神经网络强大的表征能力去拟合 Q 表或直接拟合策略,采用层数过多的神经网络结构会对内存占用过多,影响下一步决斗网络架构的决策效率,增多训练时间。

神经网络卷积层的个数不是固定的,卷积层的层数与具体所执行的任务关系密切,像目前较为经典且应用范围比较广泛的有 VGG、ResNet 和 GoogLeNet 等,因为强化学习基于值函数且无须确定模型的特点,无须部署多层神经网络结构进行处理。

据此,CDDN 方法采用卷积神经网络对视觉传感器收集的信息进行数据处理。

本章构建的卷积神经网络结构如表 7-1 的网络参数示意表所示。

表 7-1　网络参数示意表

名称	尺寸
Conv 1	10×14×32
Conv 2	4×4×64
Conv 3	3×3×64
FC 1 for advantage	512
FC 1 for value	512
FC 2 for advantage of angular actions	5
FC 2 for advantage of linear actions	2
FC 2 for value	1

本章构建了 CDDN 网络架构,它有三个卷积层,分别由滤波器的大小(高度、宽度、通道)指定,并有三个全连接层,用于实现 CDDN 网络架构形式,决斗网络架构

的网络模型将在后文进行详细介绍。

7.3.2 池化与激活函数的选择

家庭服务机器人在家庭环境运行的过程中，视觉传感器通过环境交互得到的大量数据会在卷积神经网络中进行运算，而卷积核在进行科学运算的过程中，常常会出现精度计算上的失误或者海量卷积核造成的大规模计算量。因此引入池化(pooling)操作对运算过程的精度进行处理，使得输出的参数和特征减少以减少运算量。池化操作如图 7-2 所示。

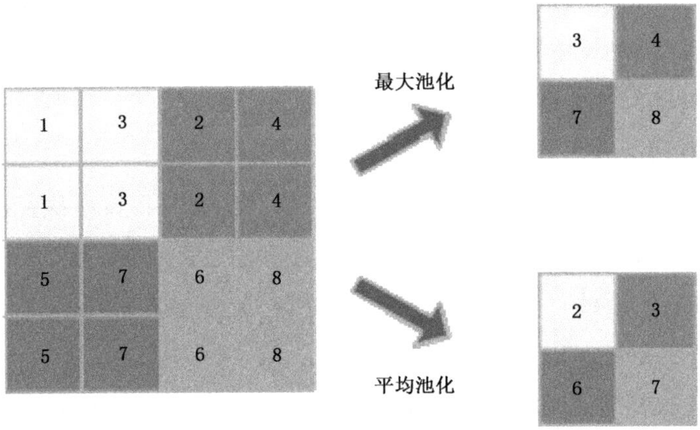

图 7-2 两种池化操作示意图

本章采取的池化操作是在 Tensorflow 中构建的卷积神经网络中应用最大池化操作，可以有效减少卷积层参数误差造成估计均值的偏移。

池化前可表示为：$n \times n$。引入最大池化操作的卷积层在池化后可表示为：

$$\left[\frac{n+2p-f}{s}+1\right] \times \left[\frac{n-2p+f}{s}+1\right]$$

式中，f 和 s 分别表示构建的卷积神经网络中池化的大小和步长。

经过池化，家庭服务机器人在环境交互之后的数据处理量减少，进一步缩短了训练时长。

本章构建的 CDDN 网络架构是一个小型卷积神经网络，经过池化之后，CDDN 网络架构使神经网络的输出不是作为单一的线性输出。

此时在 CDDN 中引入激活函数 $f(*)$ 增加神经网络的非线性，使其不再是纯粹的矩阵相乘。

设神经网络的输入数据为 x_i，神经网络对 Q 的估计值 $h(x)$ 可以用激活函数表达：

$$h(x)=f\Big(\sum_i \omega x_i + b\Big) \tag{7-1}$$

式中，i 是神经元数量；ω 代表权重；b 代表偏置。当家庭服务机器人在运行过程中收集的信息越来越多时，$h(x)$ 越容易饱和，在传播的过程中需要对激活函数求导，当激活函数处于饱和状态下时得到的梯度会非常小。利用反向传播算法传播梯度的时候随着深度增加梯度的更新幅度会迅速降低，导致权重更新过慢而无法进行有效学习而产生梯度弥散。

区别于 Sigmoid 和 tanh，我们选择 Relu 作为 $f(*)$。Relu 函数如图 7-3 所示。

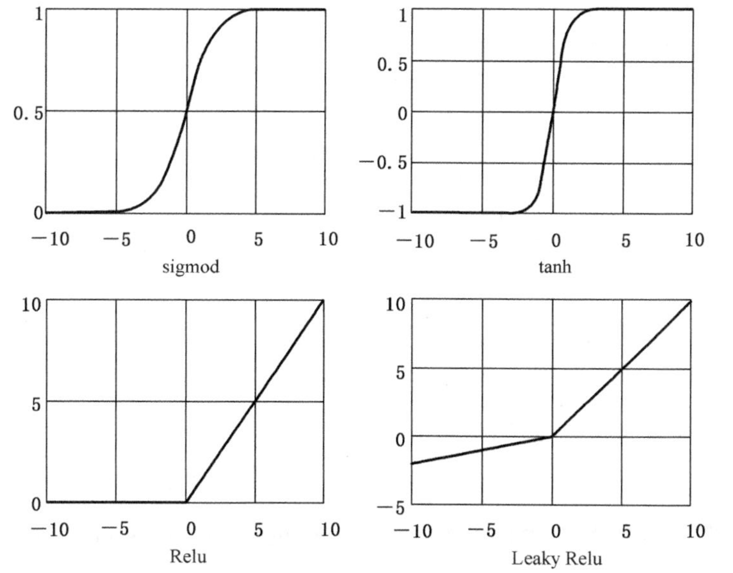

图 7-3　激活函数图像

Relu 是分段线性函数，把所有的负值都变为 0，而正值不变，这种操作被称为单侧抑制。此时激活函数可以重新定义为：

$$a = Max(0, z) \tag{7-2}$$

家庭服务机器人采用视觉传感器交互的信息在传入卷积神经网络网络之后被转置为像素点的样本集，表示为 $\{(x^1, y^1), (x^2, y^2), \cdots, (x^n, y^n)\}$，其中 x 代表视觉传感器采集的单个样本，y 是这些样本的标签，其上标代表不同的样本。

以 h 为神经网络的输出，CDDN 架构中神经网络的代价函数定义为：

$$J=\frac{1}{2n}\sum_{i=1}^{n}\parallel y^{i}-h^{i}\parallel^{2}+\frac{\lambda}{2}\sum_{i}\sum_{j}\omega_{ij}{}^{2} \tag{7-3}$$

上式为防止过拟合加入衰减系数 λ，ω 是权重系数，θ 是神经网络中系数，经过代价函数更新的网络优化方式如式(7-4)所示，此式是对代价函数求梯度并乘以神经网络学习率 η，k 是迭代次数。

$$\theta^{k+1}=\theta^{k}-\eta\frac{\partial J}{\partial\theta} \tag{7-4}$$

7.4 卷积神经网络优化

优化方法是通过加快神经网络的收敛速度，缩短模型训练时间的方法。能让网络结构更加稳定，更有效地进行拟合。在 CDDN 中随机梯度下降(Stochastic Gradient Descent，SGD)更新参数的方式如下式所示：

$$\theta=\theta-\eta\frac{\partial J(\theta;x^{i},y^{i})}{\partial\theta} \tag{7-5}$$

式中，$(\theta;x^{i},y^{i})$代表针对每一个样本(x^{i},y^{i})来更新代价函数的参数 θ。

经过实验可以得知随机梯度下降需要调整大量超参数，影响了训练时间。同时很容易受单个参数的影响而很难走到局部最优点。

鉴于梯度下降算法及面临学习率 η 过于难以调整的情况，因此在 CDDN 中针对梯度下降根据 Adam 进行优化推导。

初始化步长 ε，同时更新矩估计的指数衰减 ρ_1、ρ_2；固定常数 δ；初始化代价函数参数 θ。同时初始化一阶、二阶矩阵变量 $m=0$，$v=0$；初始化时间 $t=0$。

在家庭服务机器人交互的环境信息中采集包含 n 个样本，记作$\{x^{1},x^{2},x^{3},\cdots,x^{n}\}$，并对样本进行批处理，得到对应 y^{i}。

此时对梯度进行计算，如式(7-6)所示。同时更新 $t\leftarrow t+1$。

$$g\leftarrow\frac{1}{n}\nabla_{\theta}\sum_{i}L(f(x^{i};\theta)y^{i}) \tag{7-6}$$

更新偏一阶和偏二阶矩估计：

$$\begin{aligned}&m\leftarrow\rho_{1}s+(1-\rho_{1})g\\&v\leftarrow\rho_{2}r+(1-\rho_{2})g\odot g\end{aligned} \tag{7-7}$$

修正偏差，计算更新 $\Delta\theta$ 之后，用应用 $\Delta\theta$ 更新 θ。

CDDN 网络通过初始化参数对梯度进行计算，设 t 时刻 $J(\theta_t)$ 的梯度为 g_t，对矩估计更新之后偏差修正然后更新参数。

此时带入 CDDN 中的 t 时刻进行计算，如式(7-8)所示：

$$
\begin{aligned}
g_t &= \frac{\partial J(\theta_t)}{\partial \theta_t} \\
m_t &= \beta_1 m_{t-1} + (1-\beta_1) g_t \\
v_t &= \beta_2 v_{t-1} + (1-\beta_2) g_t^2
\end{aligned}
\tag{7-8}
$$

式中，m_t 和 v_t 分别是梯度更新后的矩估计值；β_1 和 β_2 是分别属于 m_t、v_t 的指数衰减率，通常设置为接近 1 的数。

因为步长大小是极难选择的，根据信噪比(Signal-to-Noise Ratio，SNR)是否在置信区间内趋近于 0，需要对 m_t、v_t 进行矫正，矫正式如式(7-9)所示：

$$
\begin{aligned}
\hat{m}_t &= \frac{m_t}{1-\beta_1} \\
\hat{v}_t &= \frac{v_t}{1-\beta_2}
\end{aligned}
\tag{7-9}
$$

综上，CDDN 架构参数更新方式如式(7-10)所示：

$$
\theta_{t+1} = \theta_t - \frac{\eta}{c + \sqrt{\hat{u}_t}} \hat{m}_t \tag{7-10}
$$

式中，η 为学习率；c 是一个非常接近 0 的参数。此时 CDDN 经过优化容易收敛到全局最优，对比梯度下降的收敛速度有了较快提升，且解决了梯度弥散问题。

CDDN 架构的卷积神经网络部分搭建和优化完成，下一步将进行决斗网络架构的构建。

7.5　决斗网络架构的构建

完成卷积神经网络的构建之后，对决斗网络架构价值函数部分和优势函数部分进行构建。视觉传感器在与环境交互过程中，家庭服务机器人将收集的数据置入有决斗网络架构构建的经验池之中，在执行导航任务的同时利用经验回放机制进行批处理对模型进行训练。

首先，在构建完成的神经网络结构框架中家庭服务机器人进行导航任务时的动作状态作为输入：state s。神经网络通过策略 ε-greedy 进行拟合，选择相应 action

进行输出 $Q(s,a)$，$\forall a \in A$。

然后根据 action，构建 Loss Function，输出家庭服务机器人下一步动作的预测值。

$$L(\omega)=E[(R+\gamma Max_{a'}Q(s',a';\omega)-Q(s,a;\omega))^2] \tag{7-11}$$

然后将得到的预测值和上一步的动作值以及奖励值和终止状态（s,a,R,s',is_end）存入经验池之中。在经过批处理之后，计算出均方误差：$\frac{1}{m}\sum_{j=1}^{m}(y_i-Q(s',a';\omega))$。

考虑到家庭服务机器人导航任务中没有必要对每一个动作值都进行输入预测，此时根据动作值函数可以将 $Q(s,a)$，$\forall a \in A$ 进行优化，记作：

$$Q(s,a;\theta,\alpha,\beta)=V(s;\theta,\beta)+A(s,a;\theta,\alpha) \tag{7-12}$$

式中，θ 是公共部分的网络参数；α 是价值函数独有部分的网络参数；β 是优势函数独有部分的网络参数。

将 $Q(s,a)$，$\forall a \in A$ 的值分解成价值函数和优势函数，考虑到优势函数的贪婪策略进行优化推导，可以得出：

$$Q(s,a;\theta,\alpha,\beta)=V(s;\theta,\beta)+(A(s,a;\theta,\alpha)-Max_{a'\in|A|}A(s,a';\theta,\alpha)) \tag{7-13}$$

由此可以推导出唯一的值函数 a^*，$a^*=\arg Max_{a'\in A}Q(s,a';\theta,\alpha,\beta)$。然后利用优势函数的平均值替代 a^*，可以得出：

$$Q(s,a;\theta,\alpha,\beta)=V(s;\theta,\beta)+\left(A(s,a;\theta,\alpha)-\frac{1}{|A|}\sum_{a'}A(s,a';\theta,\alpha)\right) \tag{7-14}$$

在 CDDN 架构中，$Q(s,a;\theta,\alpha,\beta)$ 就是家庭服务机器人根据视觉传感器传入数据进行导航任务进行训练之后输出的值。

家庭服务机器人通过选择最优 Q 值来决定下一步动作，同时将此动作得到的 Q 传入经验池中。

7.6 基于 CDDN 的导航技能学习

7.6.1 导航问题建模

当家庭服务机器人面对错综复杂的家庭环境时，传统的强化学习方法难以对随着复杂环境而成倍增多的参数进行合理优化，使得家庭服务机器人在运行过程中选择不合理的动作的概率增加，导致导航任务的失败。

本章提出的基于 CDDN 的算法在面对导航问题时，家庭服务机器人首先通过视觉传感器对周围环境进行感知，当感知环境的数据传入家庭服务机器人用于决策的 CDDN 架构中后，构建的卷积神经网络会通过对 Q 值的拟合给出估计值，再通过给出的估计值推导出下一步的状态，最后更新函数值。

7.6.2　基于 CDDN 的导航技能学习

在导航任务进行的过程中，家庭服务机器人在 t 时刻（$t \in [0,T]$），根据视觉传感器传入的参数 x_t 去选择动作 a_t。

此时在机器人与家庭环境交互的过程中，会产生一个奖励值信号 r_t，家庭服务机器人会根据 r_t 和自身策略，选择下一步的状态参数 x_{t+1}。

利用该策略累积收益最大化，即在深度强化学习的回合内得到最大化的累积奖励值 $R_t = \sum_{\tau=t}^{T} \gamma^{t-1} r_\tau$，$\gamma$ 是衰减因子。

在 CDDN 网络已知策略 $a_t = \pi(x_t)$ 的影响下，动作值函数的数学表达式如下：

$$Q^\pi(x_t, a_t) = E[R_t \mid (x_{t+1}, a_{t+1}, \pi)] \tag{7-15}$$

通过贝尔曼方程可以进行优化，其数学表达式定义如下：

$$Q^\pi(x_t, a_t) = E[r_t + \gamma E(Q^\pi(x_{t+1}, a_{t+1}) \mid x_t, a_t, \pi)] \tag{7-16}$$

计算出最优值函数，根据最优值函数选择下一步动作，动作值函数的定义如下：

$$Q^*(x_t, a_t) = E_{x_{t+1}}[r + \gamma Max Q^*(x_{t+1}, a_{t+1}) \mid x_t, a_t] \tag{7-17}$$

上式表示，我们在 t 时刻得到的最大奖励值，是根据下一时刻的估计值乘以折现系数，再加上当前时刻的奖励值。整个计算的过程通过神经网络进行。这就是增加了估值网络和目标网络，也增加了经验库来进行经验回放之后对比传统强化学习算法所得到的提升。

在家庭服务机器人运行过程中，状态价值为 $V(s;\theta,\beta)$。θ 是公共网络参数，β 是状态价值在最终动作值中所占的权重。动作优势为 $A(s,a;\theta,\alpha)$，它是一个维度为 $|A|$ 的向量，θ 是公共网络参数，β 是动作优势在最终动作值中所占权重。

在基于 CDDN 的导航任务之中，家庭服务机器人通过估值网络和目标网络得到状态 s'，计算出 s' 状态时的最优 Q 值，然后根据折现系数 γ 和当前状态奖励 r，可以得到此时估值网络计算误差。

利用平均 Q 值代替最优 Q 值，用估值网络预测的平均 Q 值减去目标值计算误差，给定当前状态 s 的奖励值，然后反向传播，更新权值。

CDDN 方法在导航任务研究之中更新公式为：

$$Q(s,a;\theta^Q,\alpha,\beta)=V(s;\theta^Q,\beta)+\left(A(s,a;\theta^Q,\alpha)-\frac{1}{|A|}\sum_{a'}A(s,a;\theta^Q,\alpha)\right) \tag{7-18}$$

家庭服务机器人按照上述操作步骤在仿真环境中进行训练，直到完成训练或者达到终止条件时停止。基于 CDDN 的家庭服务机器人导航方法，使得家庭服务机器人在导航任务中的导航成功率更高。

7.7 实验

7.7.1 实验条件与实验场景

本节将对本章所提出的基于 CDDN 的方法进行实验，实验中在当前较为先进的 ROS(Robot Operating System)开源机器人系统框架下，采用 Gazebo 仿真模拟器进行仿真。

在家庭服务机器人的选取上选择目前主流导航研究中使用的 TurtleBot 机器人，并在 Gazebo 所搭建的仿真环境中进行家庭服务机器人的导航训练，并将结果与其他主流强化学习方法进行对比。

1. 仿真环境搭建

训练深度强化学习模型对实验的硬件配置较为依赖，特别是本章实验中所用到的 ROS 机器人系统，ROS 系统不仅对 GPU 和 CPU 的要求高，而且因为对相关包的依赖，ROS 系统在配置环境上尤为复杂。

ROS 目前仅支持 Linux 系统，且对于相应 Ubuntu 系统的要求十分严格，本实验所应用的版本号为 ROS-Kinetic-desktop 的开源框架必须应用在 Ubuntu 16.04 的系统上，且系统自带 Python 需为 Python 2.7.0。另外，基于对 TurtleBot 机器人的仿真，TensorFlow 版本号须为 TensorFlow 1.0 版本。如图 7-4 所示。

以上仿真环境需要严格按照所陈述的版本号进行装载，在对环境进行配置的过程中，因为许多国外源下载速度过于缓慢，故本实验所基于的 Linux 将系统源和 pip 源都置换成清华镜像源。

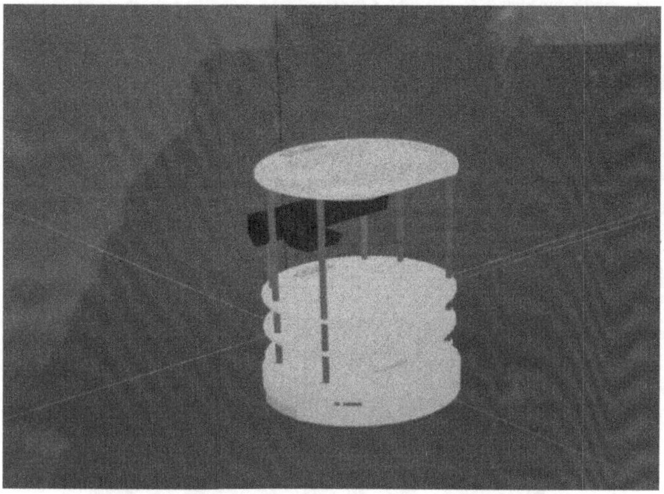

图 7-4　仿真环境中的 TurtleBot

实验对 GPU 和 CPU 的要求也比较高，通常配置的工作站会使得实验时间增多。本章所采用的配置如表 7-2 所示。

表 7-2　实验所需软件和硬件条件配置表

名称	版本号
Ubuntu	16.04
ROS	Kinetic-desktop
Gazebo	7.0
Tensorflow	1.0
TurtleBot	2.0
CPU	Intel Core i7
GPU	NVIDIA GeForce GTX 1070
内存	32GB
显存	8GB

ROS 开源机器人系统虽然在配置环境变量上操作难度复杂，但其便捷的消息通信机制使其比起 Tkinter、Pymunk、V-rep 等窗口可视编程和仿真软件可以更加真实地模拟出家庭服务机器人所工作的家庭环境。

ROS 中的 Message 是以一种特定的结构方式在节点之间进行数据传递，节点是 ROS 系统中通信的进程。ROS 中利用节点与 Gazebo 和 Ubuntu 之间进行通信。

Gazebo 在 ROS 中有良好的接口，包含 ROS 和 Gazebo 的所有控制，主要通过 rospy 包进行。通过比较 Gazebo 和 MuJoCo，因为 Gazebo 在与 ROS 系统的交互方面做得较好，且与 MuJoCo 具有使用时效性，故选择 Gazebo 进行仿真环境搭建。

如图 7-5 所示，在仿真环境中构建大量的包围和半包围结构，模拟家庭服务及机器人在家庭环境中所遇到的障碍特点，如墙角、走廊、窄过道。

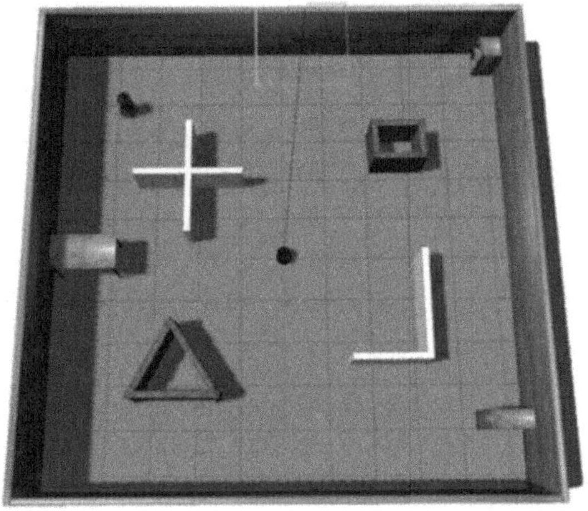

图 7-5　本章所构建的家庭仿真环境图

同时添加家庭环境中常见的桌椅，使家庭服务机器人在训练之后，具备穿越类似椅子、桌底等障碍的能力。机器人初始位置设置于仿真环境的几何中心点，通过 launchfiles 指令来运行模拟环境。

2. 参数设定与度量标准

为了使仿真环境中的机器人更加符合在家庭环境中运行的方式，仿真实验中的家庭服务机器人的动作通过线速度和角速度运行，而不是简单的只能向前、后、左、右四个方向进行运动。

其每走一步就会通过环境交互得到一个瞬时奖励值

$$r = v \times \cos\omega \times \partial t \tag{7-19}$$

式中，v 和 ω 表示家庭服务机器人的角速度和线速度。

如果检测到碰撞则该事件立即终止，并附加 -10 的惩罚。否则，该事件将持续到达到最大步数(在我们的实验中为 500 步)，并在没有惩罚的情况下结束。

当机器人没有触碰墙壁、桌椅等障碍物被施加－10 的奖励值惩罚且运行到最大步数时，证明家庭服务机器人通过训练之后具备了导航规避障碍物的能力。若不加以条件约束，此时的家庭服务机器人就会一直在仿真环境中运行下去。

表 7-3 所列是实验中所使用的一些超参数。

表 7-3　超参数设置

名称	数值
Learning rate	0.000 01
Batch size	8
Replay memory	50 000
Actions	7
Discount factor	0.8
Linear velocity	(0.2,0.4)
Angular velocity	$(-\frac{\pi}{6},-\frac{\pi}{12},0,\frac{\pi}{12},\frac{\pi}{6})$

7.7.2　实验结果及分析

1. 探索策略

家庭服务机器人执行不同的探索策略 ε 对导航技能学习的成功率有着不同影响。取前 500 步在不同的探索策略 ε 下输出的奖励值，通过比较前 500 步的累积奖励值，对比在取不同 ε 下的算法在导航技能学习上算法效率的差异，如表 7-4 所示。

表 7-4　不同探索策略下累积奖励值的对比

ε 值	累加值
0.40	－2.336 4
0.75	5.794 4
0.90	13.503 7
0.99	9.192 7

当 $\varepsilon=0.90$ 时，平均累积奖励值对比 $\varepsilon=0.75$、$\varepsilon=0.99$ 和 $\varepsilon=0.40$ 有着更好的输出效果。这说明 ε 在取较大的探索值和取较小的探索值时，都会对导航技能学习算法的性能造成消极影响。当 ε 取较小的值时，当家庭服务机器人通过训练获得较

好的导航能力后，会导致此时家庭服务机器人仍以很大概率通过随机策略进行动作选择。此时再将数据传回经验池进行处理，会导致模型的导航能力下降。当 ε 取较大的探索值时，家庭服务机器人无法通过训练得到最优模型，在导航技能学习中选择不合理动作的概率增加。

从图 7-6 可以看出，在探索策略 $\varepsilon=0.40$ 时，输出的函数图像一直是震荡未收敛的，在探索策略 $\varepsilon=0.75$、$\varepsilon=0.99$ 时，可以看出，此时输出的奖励值迭代效率过慢，在探索策略 $\varepsilon=0.90$ 时，输出的奖励值图像相较于其他三个探索策略的奖励值有着明显的提升。

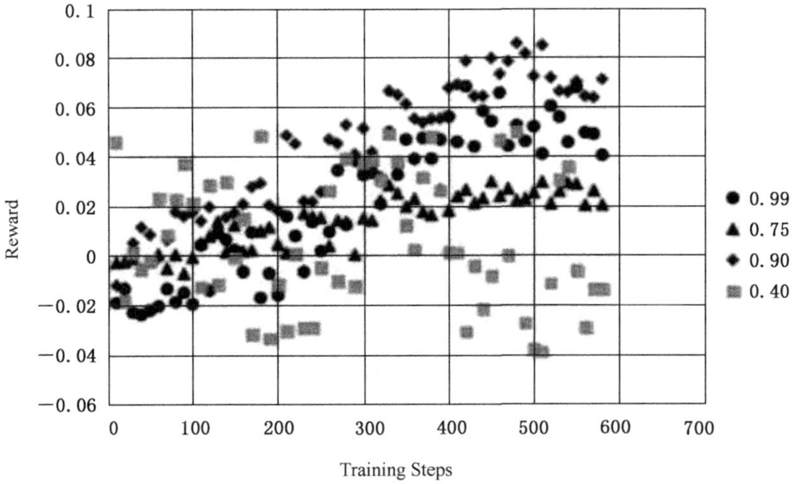

图 7-6 奖励值随步数的变化图

根据累积奖励表和奖励值输出图像可以对比出，当探索策略 $\varepsilon=0.90$ 时，奖励值输出的情况是表 7-5 中累加和最大的，且收敛比探索策略为其余数值时都早，是合适当前实验的探索策略，本章及以后章节都将采用该值作为探索策略。

如图 7-7 所示，TurtleBot 机器人通过视觉传感器在仿真环境中运行，其视觉传感器收集的数据如图 7-8 所示。

在确立了探索策略之后，本章实验在 Gazebo 仿真环境中，应用 TurtleBot 来模拟家庭服务机器人在家庭环境中运行，以测试基于 CDDN 的机器人导航技能学习算法的性能。

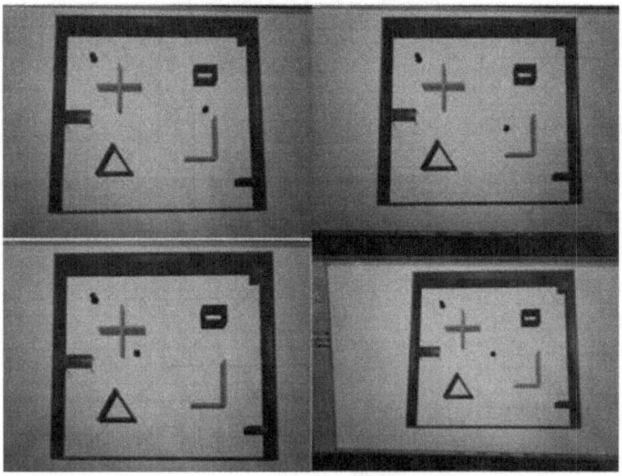

图 7-7 家庭服务机器人在仿真环境中运行

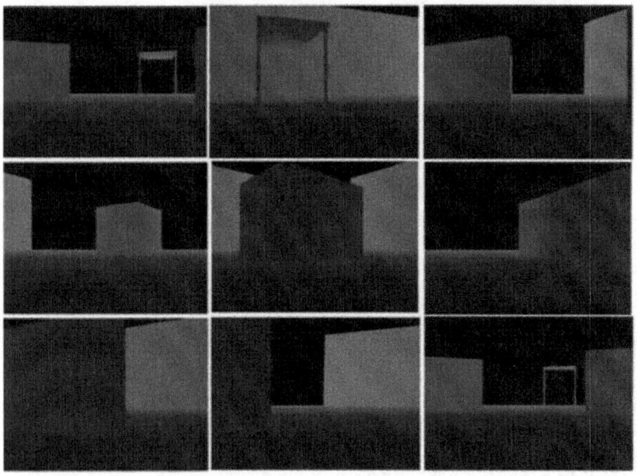

图 7-8 家庭服务机器人运行视角

2. 平均累计奖励值

平均累计奖励值(Average Reward),是指在一个回合内,运行步数累计输出的奖励值代数和,是评判强化学习算法性能最重要的指标。

本小节实验是为了在相同仿真环境下验证本章所构建的 CDDN 导航方法和目前主流强化学习算法的性能。实验中 $\varepsilon=0.9$,迭代回合数为 1 000 次,最大步数为 500 步,结果如表 7-5 所示。

表 7-5 平均累积奖励值

算法	Q-learning	DQN	CDDN
平均累计奖励	−1 007.13	962.79	1 179.67

从表中的数据可以看出，CDDN 在平均累计奖励上优于 Q-learning 和 DQN。图 7-9 是三种算法的平均累积奖励随着迭代次数变化的曲线图。

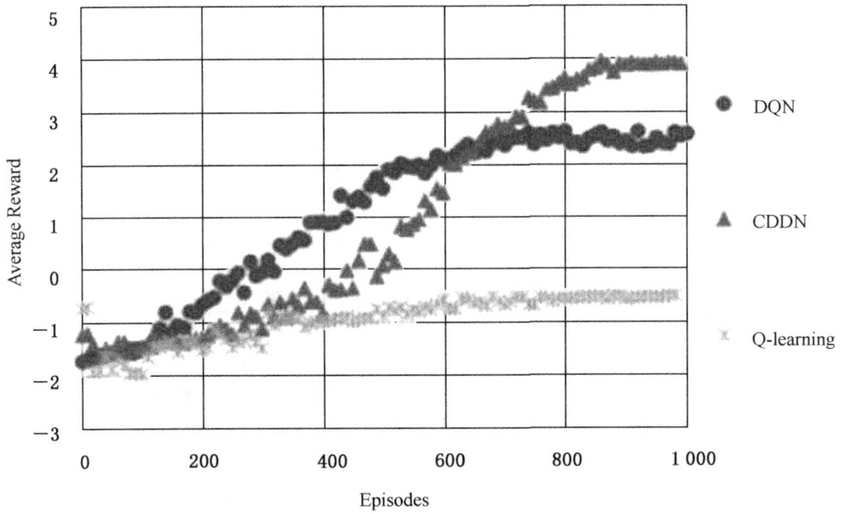

图 7-9 算法平均累积奖励随着迭代次数变化曲线图

从图中可以看出，Q-learning 方法因为其只用 Q 表存储记忆的局限性，其累计奖励值要低于利用神经网络进行经验回放的深度强化学习算法 DQN。在迭代初期，CDDN 的平均累积奖励较 DQN 低。

一部分原因是因为 DQN 往往会过高估计 Q 值的通病，更主要的是改进的 CDDN 用神经网络来近似动作值函数，并且将输出层分为两部分，这两部分的输出值再近似为一个值进行输出。

当导航任务进行时，家庭服务机器人经过与环境的交互产生数据之后存入由神经网络构建的经验池之中，然后再进行批处理、经验回放，对下一状态所得到的数据进行优化估计，这个过程是需要时间的。CDDN 利用神经网络进行优化输出的优势在后期可以体现，平均累积奖励值在模型收敛之后远远高于 DQN 和 Q-learning。

在训练过程的中后期，CDDN 的平均累积奖励相较于 DQN 呈现快速的增长，这体现出了改进后的神经网络进行值函数近似的优势，参数化的策略更能适应环境的变化。到了后期，平均累计奖励值会比 DQN 有着明显的提升。

3. 成功率

成功率，即成功聚集次数占聚集总次数的比例。本章分别取前 1 000 集的成功率、第 1 000～2 000 集的成功率、第 2 000～3 000 集的成功率进行对比。三种算法的成功率如表 7-6～7-8 所示。

表 7-6　前 1 000 集算法成功率对比

算法	Q-learning	DQN	CDDN
Success rate	21.01%	29.67%	36.53%

表 7-7　1 000～2 000 集算法成功率对比

算法	Q-learning	DQN	CDDN
Success rate	43.16%	59.73%	73.07%

表 7-8　2 000～3 000 集算法成功率对比

算法	Q-learning	DQN	CDDN
Success rate	87.33%	90.61%	93.23%

可以看出，在训练集相同的前提下，前 1 000 集内，三种算法导航成功率均比较低。

因为在前 1 000 集内，三种算法均处于导航任务学习阶段，在此阶段会出现大量触碰障碍物而终结的集数，所以此时导航成功率低，但是也可以看出，在前 1 000 集内的学习过程中，因为 CDDN 对网络结构进行了优化，其收敛过程变快，导航成功率高于其他两种算法。

在第 1 000～2 000 集数内，CDDN 算法性能比起 Q-learning 和 DQN 有了明显提升。在 2 000～3 000 集数内，可以看出三种算法模型均已趋于收敛，利用卷积计算机网络优化 Q 值输出的优势得以体现，CDDN 方法导航的成功率高于目前主流的 Q-learning 和 DQN 算法。

4. 训练时间

训练时间，指完成训练所需的时间。三种算法所需时间如表 7-9 所示。

表 7-9　算法的训练时间对比

算法	Q-learning	DQN	CDDN
Training time	2 280 min	2 034 min	1 680 min

横坐标从左向右分别对应着 3 种算法，纵坐标是训练的时间(单位：min)。由图可知：

$$T_{\text{Q-learning}} > T_{\text{DQN}} > T_{\text{CDDN}}$$

由图 7-10 可以看出，基于 CDDN 机器人导航技能学习算法相较于 DQN 和 Q-learning 等主流强化学习算法减少了训练时长。

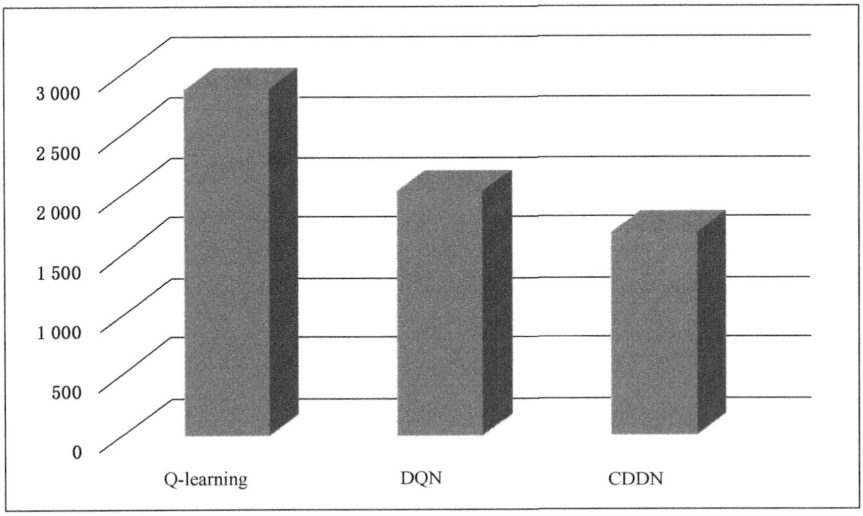

图 7-10　算法的训练耗时

这是因为 CDDN 利用卷积神经网络进行训练，并且在估值网络中使用平均 Q 值代替最优 Q 值，这样做的好处是不需要在每个动作的选择上找到每步的最优 Q 值，优化参数从而减少计算量，并且 CDDN 在训练后期的导航成功率上也优于其他两种算法。

7.8　本章小结

在本章中，面向家庭服务机器人的导航任务研究，设计了一种结合卷积神经网络和决斗网络架构的 CDDN 方法。

将家庭服务机器人进行导航任务时感知环境的传感器从传统的激光测距传感

器升级为视觉传感器。通过将原有的 Q 网络进行优化，分解为状态值函数和优势函数，用平均值函数代替最优值函数在 Q 值输出时进行耦合。这种将神经网络分离的方法解决了导航任务中 Q 值过估计的问题，并通过加入经验回放机制对模型进行批处理，减少了模型训练时间，提升了导航成功率。

但是在 CDDN 方法进行导航任务的研究中，因为 CDDN 基于值函数的单步更新机制，会在学习的过程中产生大量数据集，从而导致严重的数据冗余，使得训练时间过长的问题仍未得到很好解决。此外，基于值函数的 CDDN 方法无法在连续动作空间上很好的运用，在一定程度上影响导航成功率。针对该问题，下一章设计了基于 ACDN 的导航任务研究算法。

参 考 文 献

[1] Reyes N H, Barczak A L C, Susnjak T, et al. Fast and smooth replanning for navigation in partially unknown terrain: The hybrid Fuzzy-D * lite algorithm [C]//Proceeding of International Conference on Robot Intelligence Technology and Applications, 2017.

[2] Zhang C. Path planning for robot based on chaotic artificial potential field method[J]. Science Technology & Engineering, 2018, 317(1): 56.

[3] Ning J, Zhang Q, Zhang C, et al. A best-path-updating information-guided ant colony optimization algorithm[J]. Information Sciences, 2018(433): 142-162.

[4] Mnih H, Kavukvuoglu K, Silver D, et al. Human-level control through deep reinforcement learning[J]. Nature, 2015, 518(7): 529.

[5] Cheng Y, Zhang W. Concise deep reinforcement learning obstacle avoidance for underactuated unmanned marine vessels [J]. Neurocomputing, 2018, 272 (10): 63-73.

[6] Heess L, Singh Y, Hunt X, et al. Deep reinforcement learning for pedestrian collision avoidance and human-machine cooperative driving[J]. Information Sciences, 2020: 110-124.

[7] 王昌龙. 基于改进深度强化学习的家庭服务机器人避障技能学习算法[D]. 秦皇岛：燕山大学，2020.

第 8 章　基于值函数和策略梯度的机器人功能区导航技能学习

8.1　引言

家庭服务机器人的导航任务中，视觉传感器通过环境感知策略进行动作执行，整个过程是连续输出的。在一些处理物理控制任务等连续动作空间的问题时，正如文献[1]中所提到的，基于 Q 值的方法不能直接在连续动作空间上应用且依赖于每个动作 Q 值，难以保证其结果的收敛性。

目前，基于值函数的深度强化学习算法虽然可以一定程度上解决导航问题，但是由于其单步更新的策略，产生海量的奖励值存储在经验池之中，导致其对运行环境的硬件要求较高，且在训练时长上往往耗时较长。

在近几年深度强化学习的发展过程中，使用基于策略的强化学习方法解决一些连续动作空间上输出概率的研究日益趋向成熟。相比于基于值函数的强化学习算法，基于策略的强化学习算法，如 Actor-Critic(AC)[2]、Deep Deterministic Policy Gradient (DDPG)[3]、Asynchronous Advantage Actor-critic(A3C)[4]、Soft Actor-Critic(SAC)[5]等算法采取回合更新机制，在算法迭代速度上比起前者更为快速高效。

本章受到 DDPG 算法启发，在基于策略梯度的基础上，结合了上一章基于值函数的 CDDN 深度强化学习方法，借鉴了其利用单步更新 Q 值的思想，同时保留了策略梯度在回合更新上的优势，提出了基于 ACDN 的深度强化学习导航方法，使得家庭服务机器人更加有效地利用在连续动作空间上学习到的参数，从而达到更好的导航效果[6]。基于 ACDN 的深度强化学习导航方法分为两步搭建：第一步搭建 Actor

模块,第二步搭建 Critic 模块。最后设计实验对基于 ACDN 的导航方法在家庭服务机器人导航任务中的算法性能进行验证。

8.2　ACDN 框架

构建基于策略梯度 ACDN 导航模型是本章主要研究的内容,通过在上一章构建的 CCDN 基础上,融合基于 AC 策略梯度的优势,构建了一种结合值函数和策略梯度的 ACDN 导航算法,使得家庭服务机器人在连续的动作空间中找到稳定的策略。

ACDN 算法框架如图 8-1 所示。类似于 AC 网络结构,ACDN 是由两个序列网络组成的演员-评论家模型。演员(Actor)网络使用基于策略梯度的方法计算连续动作。评论家(Critic)网络提供了对 Q 值的估计,作为演员网络下一步策略更新的依据。与 AC 网络不同的是,在演员网络保持对梯度策略输出情况不变的前提下,将 AC 网络结构中原有的评论家结构使用上一章所构建的 CCDN 模型。

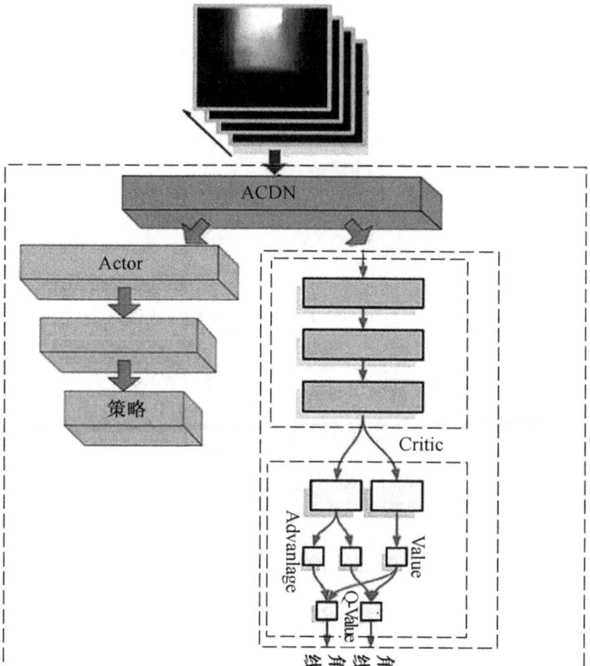

图 8-1　ACDN 算法框架

原始的评论家网络在训练的过程中很难进行收敛,替换为 CCDN 导航模型可以很好地解决稳定性和收敛性不足的缺点。评论家网络最后的全连接层分为价值函数和优势函数两部分，分别提供对状态值和状态相关优势的估计。最后一层输出层将这两个神经网络聚合，生成状态动作值 Q 的估计值。

在连续动作空间中，我们无法输出对每个可能动作的优势值的估计，因此考虑结合 CDDN 应用于离散空间的特点，输出家庭服务机器人每个动作的 Q 估计值，反向传播到 Actor 更新策略，进行下一步动作选择。这样原本用于离散动作空间的网络结构可以用于连续空间。可以使家庭服务机器人在经过训练之后在面对连续动作选择时可以更合理地选择下一步动作。

8.3 Actor 模块搭建

在家庭服务机器人导航任务中，Actor 输出策略为 $\pi(a|s)$。在家庭服务机器人运行的过程中，由神经网络对策略进行参数化，带入神经网络参数 θ，可以得出目标函数的表达式：

$$J(\theta)=E_{\tau\sim\pi_\theta(\tau)}[r(\tau)]=\int\pi_\theta(\tau)r(\tau)\mathrm{d}\tau \tag{8-1}$$

式中，τ 为神经网络采样周期；$\pi_\theta(\tau)$ 是家庭服务机器人动作序列出现概率；$r(\tau)$ 为平均奖励值累加和。进一步求 $J(\theta)$ 梯度：

$$\begin{aligned}\nabla_\theta J(\theta)&=\int\nabla\pi_\theta(\tau)r(\tau)\mathrm{d}r\\&=\int\pi_\theta(\tau)\,\nabla_\theta\log\pi_\theta(\tau)r(\tau)\mathrm{d}r\\&=E_{\tau\sim\pi_\theta(\tau)}[\nabla_\theta\log\pi_\theta(\tau)r(\tau)]\end{aligned} \tag{8-2}$$

在导航任务中由视觉传感器交互环境而决定的状态转移为 P，考虑到 P 的存在，家庭服务机器人动作序列出现概率可以表示为：

$$\pi_\theta(\tau)=P(s_1)\prod_{t=1}^{T}\pi_\theta(a_t\mid s_t)P(s_{t+1}\mid s_t,a_t) \tag{8-3}$$

式中，s 表示当前状态；a 为动作选择。此时考虑策略梯度与环境的关系，利用 Monte Carlo 结合家庭服务机器人在导航任务中所求得的策略梯度值，可以进一步计算策略：

$$\nabla J(\theta)=\frac{1}{N}\sum_{i=1}^{N}\left[\sum_{t=1}^{T}\nabla_\theta\log\pi_\theta(a_i,t\mid s_i,t)\left(\sum_{t=1}^{T}r(s_{i,t},a_{i,t})\right)\right] \tag{8-4}$$

在视觉传感器收集数据的过程中，因为图像噪点高，常常会产生一些误差，因此利用函数值近似来减小式(8-4)的误差：

$$\nabla J(\theta)=\frac{1}{N}\sum_{i=1}^{N}\sum_{t=1}^{T}\nabla_{\theta}\log\pi_{\theta}(a_{i,t}\mid s_{i,t})\hat{Q}_{i}(s_{t},a_{t}) \tag{8-5}$$

此时执行式(8-5)直至收敛，然后更新家庭服务机器人在导航任务中的策略参数 $\theta=\theta+\alpha\nabla J(\theta)$，其中 α 是学习率。

8.4　Critic 模块搭建

在家庭服务机器人的导航任务中，经过 Actor 模块选择策略之后，Critic 根据策略梯度对 Q 值进行输出。

在导航任务中，Critic 采取政策 μ 来选取动作 $a_t=\mu(s_t|\theta^{\mu})$。之后根据视觉传感器和 Actor 传入的数据，采用神经网络来拟合 (s,a) 函数作为 Critic。

对等推导目标函数 μ 策略和 Q 值的 μ 策略：

$$\frac{\partial J(\theta^{\mu})}{\partial\theta^{\mu}}=E_{s}\left[\frac{\partial Q(s,a\mid\theta^{Q})}{\partial\theta^{\mu}}\right] \tag{8-6}$$

式中，θ^{μ} 是公共部分的网络参数。再确立此时导航模型中 Critic 的价值梯度：

$$\frac{\partial L(\theta^{Q})}{\partial\theta^{Q}}=E_{s,a,r,s'\sim D}\left[Target\ Q-Q(s,a\mid\theta^{Q})\frac{\partial Q(s,a\mid\theta^{Q})}{\partial\theta^{Q}}\right] \tag{8-7}$$

然后更新 Q 值：$Target\ Q=r+\gamma Q'(s',\pi(s'|\theta^{\mu'})|\theta^{Q'})$。

在 Q 进行更新之后，基于 ACDN 导航任务中的目标函数可以写成：

$$J(\theta^{\mu})=E_{\theta^{\mu}}[r_1+\gamma r_2+\gamma^2 r_3+\cdots] \tag{8-8}$$

此时采取策略 μ 选择动作期望值，根据 CCDN 导航网络中的双层 Q 网络结构 $Q(\mathrm{s},a;\theta^{Q},\alpha,\beta)$，进行拟合 ACDN 的 Q 函数：

$$Q^{\mu}(\mathrm{s}_t,a_t;\theta^{Q},\alpha,\beta)=E[r(V(s_t;\theta^{Q},\beta)+A(s_t,a_t;\theta^{Q},\alpha))+\gamma Q^{\mu}(s_{t+1},\mu(s_{t+1}))] \tag{8-9}$$

因为上述公式是在连续动作区间内发生，所以利用 μ 进行积分，来确定策略的好坏，可以写成下式：

$$J_{\beta}(\mu)=\int_{S}\rho^{\beta}(s)Q^{\mu}(s,\mu(s))\mathrm{d}sE_{s\sim\rho^{\beta}}[Q^{\mu}(s,\mu(s))] \tag{8-10}$$

在 ACDN 的 Critic 模块中，对式(8-9)和式(8-10)一直执行到 Q 收敛。

8.5 基于 ACDN 的导航任务研究

策略梯度(PG)是一种通过梯度$\nabla_{\theta}J(\pi_{\theta})$优化参数策略 $\pi_{\theta}(a|s)=P[a|s;\theta]$的算法。其目的是找出合适策略来积累最大奖励值。基于梯度策略的模型在高维度和连续动作空间的学习上有着更出色的效果。

在基于 CDDN 的导航任务研究之中,对 Q 值的输出采用单步更新机制,离散化输出动作状态,造成一定的数据冗余,增加训练时间。在基于 ACDN 的导航任务研究之中不需要估计每步动作输出的值函数,而是直接参数化控制策略 $\pi_{\theta}(a|s)$。

本章借鉴了 DDPG 算法,在基于 CCDN 的深度强化学习导航方法的基础上结合 AC 设计了基于 ACDN 的导航方法。通过结合 AC 网络和 CDDN 网络框架,构建了一种基于策略又可以从值函数获益的 ACDN 模型,使仿真环境中的家庭服务机器人在连续的动作空间中找到稳定的策略,并从 ACDN 获取梯度策略和最优值。

它和 AC 网络模型类似,包含了两部分的网络结构。其中 Actor 网络使用 DPG 的策略方法计算连续动作,将 Critic 网络用基于 CDDN 的导航方法替代,优化累计奖励值同时将误差反向传播给 Actor。Critic 由卷积神经网组成,分别提供状态值 $V(s)$和状态相关优势 $A(s,A)$的估计。

利用聚合模块将这两个神经网络组合起来,生成状态动作值 Q 的估计值,并估计每个状态下操作间隔的优势。通过这个改变,家庭服务机器人可以知道当面对一个特定的状态时,哪个动作区间是好的,并选择属于这个区间的动作。原有的决斗网络是基于值函数的强化学习方法,专注于解决离散动作的问题,它不能很好地扩展到连续的控制任务。而且,参数数量也远大于其他强化学习方法,这导致模型所占内存随着参数的增加而增大,不适合在目前实际应用中的软件设备上进行开发。而 ACDN 可以处理连续动作空间的行为选择。

在基于 ACDN 的导航任务研究中,家庭服务机器人导航的过程,就是通过视觉传感器感知环境信息,在神经网络中寻找适合的参数 θ 最大化目标奖励 $J(\pi_{\theta})=E[R|\pi_{\theta}]$。导航任务的梯度策略$\nabla_{\theta}J(\pi_{\theta})$可以写成:

$$\begin{aligned}\nabla_{\theta}J(\pi_{\theta}) &= \int_{s}\rho^{\pi}\int_{A}\nabla_{\theta}\pi_{\theta}(a \mid s)Q^{\pi}(s,a)\,\mathrm{d}a\,\mathrm{d}s \\ &= E_{s\to\rho^{\pi},a\to\pi^{\theta}}[\nabla_{\theta}\log\pi^{\theta}(a \mid s)Q^{\pi}(s,a)] \end{aligned} \tag{8-11}$$

ACDN 网络中,使用 Q^{π} 表示网络的聚合模块。在家庭服务机器人经过动作选择之后，将选择的动作、状态、奖励值置入经验池。

$$Q^{\pi}(s,a)=V^{\pi}(s)+A^{\pi}(s,a) \tag{8-12}$$

此时由视觉传感器传入的数据经过 Critic 的聚合模块，将聚合模块重新定义为式(8-13)，用来重新拟合 Q 值：

$$Q(s,a;\theta^{Q},\alpha,\beta)=V(s;\theta^{Q},\beta)+A(s,a;\theta^{Q},\alpha) \tag{8-13}$$

式中，θ^{Q} 表示 ACDN 中 Critic 里决斗网络架构的第一层参数；α 和 β 是第二层中每个神经网络输出的系数；$Q(s,a;\theta^{Q},\alpha,\beta)$是将两层神经网络合并之后对 Q 输出的参数化估计。

在式(8-13)中，结合文献[1]中所提出的方法，令 A 在选择的动作中不具优势，提升 Q 参数的准确率，使得式子有更好的输出策略。

$$Q(s,a;\theta^{Q},\alpha,\beta)= V(s;\theta^{Q},\beta)+(A(s,a;\theta^{Q},\alpha)-\underset{a'\in|\mathrm{A}|}{Max}A(s,a;\theta^{Q},\alpha)) \tag{8-14}$$

通过这一项改变，当 $a=a^{*}=\arg\underset{a'\in|\mathrm{A}|}{Max}Q(s,a;\theta^{Q},\alpha,\beta)=\arg\underset{a'\in|\mathrm{A}|}{Max}A(\mathrm{s},a;\theta^{Q},\alpha)$ 时，聚合模块用下式表示：

$$Q(s,a;\theta^{Q},\alpha,\beta)= V(s;\theta^{Q},\beta)+(A(s,a;\theta^{Q},\alpha)-\frac{1}{|\mathrm{A}|}\sum_{a'}A(s,a;\theta^{Q},\alpha)) \tag{8-15}$$

用平均值代替最大值运算可以提高优化的稳定性，因为优势只需按照相同的平均步伐进行更新，无须对最优情况进行求解，因此会节省运算时间。经过此改变之后的家庭服务机器人导航任务中，可以明显看出在动作选择上的执行时间会缩短。

在家庭服务机器人的导航工作中，我们关注的是连续的动作空间，所以根据现有实验环境将动作空间均匀划分为 n 个区间，用 z 表示动作的时间间隔。

在每个步骤中输出每个动作间隔的最优值函数$(z_1,z_2,z_3,\cdots,z_{n-1},z_n)$。利用 Critic 网络通过时间间隔所求出的最优值，可以将每一步的最优值函数定义为：

$$A(s,a;\theta^{Q},\alpha)=A(s,a;\theta^{Q},\alpha)-\frac{1}{n}\sum_{z}A(s,a;\theta^{Q},\alpha) \tag{8-16}$$

在 Actor 网络中，本章应用了 4.3.1 的优化方法。将参数化政策 $\mu(s|\theta^{\mu})$的状态映射到一个特定操作($\mu:S\to A$)。Actor 网络调整其参数 θ 的政策的方向性能梯度为：

$$\begin{aligned}\nabla_{\theta\mu}J &\approx E_{s\sim p}[\nabla_{\theta\mu}Q(s,a\mid\theta^{Q})\mid_{a=\mu(s|\theta^{\mu})}]\\ &=E_{s\sim p}[\nabla_{\theta\mu}Q(s,a\mid\theta^{Q})\mid_{s,a=\mu(s)}\nabla_{\theta\mu}\mu(s\mid\theta^{\mu})\mid_{s}]\end{aligned} \tag{8-17}$$

家庭服务机器人进行根据式(8-17)中的策略进行导航技能学习,执行导航技能的伪代码流程如表 8-1 所示:

表 8-1　ACDN 导航技能学习伪代码流程

初始化:
初始化演员网络(Actor)$\mu(s|\theta^{\mu})$和 CDDN $Q(s,a;\theta^{Q},\alpha,\beta)$
初始化目标演员网络 μ'与 $\theta^{\mu'}=\theta^{\mu}$,目标 CDDN Q'与 $\theta^{Q'}=\theta^{Q}$,$\alpha'=\alpha$,$\beta'=\beta$
初始化记忆池 $R\neq\varnothing$,通道 N
初始化动作空间,均匀分割为 n 个间隔($Z=\{z_1,z_2,z_3,\cdots,z_{n-1},z_n\}$)
for episode=1 to M do
获得初始状态 s_1
for t=1 to N do
根据 ε 的概率进行策略探索,选择适合动作 $a_t=\mu(s|\theta^{\mu})+N_t$,或者 $a_t=\mu(s|\theta^{\mu})$
执行动作 a_t,观察奖励值 r_t 和下一步状态 s_{t+1}
将(s_t,a_t,r_t,s_{t+1})暂存于 R;随机在记忆池 R 中抽取 N 个样本(s_t,a_t,r_t,s_{t+1});
执行目标评论家操作 $\alpha'_{i+1}=\mu'(s|\theta^{\mu'})$
执行目标 CDDN 操作 $Q'_{i+1}=Q'(s_{i+1},a'_{i+1}|\theta^{Q'},\alpha',\beta')$ $a'_{i+1}\in z_j$
Set $y_i=r_i+\gamma Q'_{i+1}$
更新 CDDN by minimizing the loss:
$L=\frac{1}{N}\sum_i(y_i-Q(s,a;\theta^{Q},\alpha,\beta))^2$
更新评论家网络 using the sampled PG:
$\nabla_{\theta^{\mu}}J\approx\frac{1}{N}\sum_i\nabla_a Q(s,a|\theta^{Q})|_{s=s_i,a=\mu(s_i)}\nabla_{\theta^{\mu}}\mu(s|\theta^{\mu})|_{s_i}$
更新 CDDN 模块和演员网络的目标网络($\tau\leqslant1$)
$\theta^{\mu'}\leftarrow\tau\theta^{\mu}+(1-\tau)\theta^{\mu'}$;$\theta^{Q'}\leftarrow\tau\theta^{Q}+(1-\tau)\theta^{Q'}$
$\alpha'\leftarrow\tau\alpha+(1-\tau)\alpha'$;$\beta'\leftarrow\tau\beta+(1-\tau)\beta'$
End for
End for

8.6　实验

8.6.1　实验条件与实验场景

本章设计的实验在 ROS 平台的基础上使用 Gazebo 仿真环境建立模型,检测到碰撞则该事件立即终止。

8.6.2　实验结果及分析

本章实验分析以 Q-Learning、DQN、基于 CDDN 的导航方法、基于 ACDN 的导航方法为研究对象，并从平均积累奖励值、成功率、训练时间三个指标对实验结果进行了分析。

1. 平均累计奖励值

本小节实验是为了在相同仿真环境下验证本章所构建的 ACDN 导航方法和目前主流强化学习算法的性能。实验中 $\varepsilon=0.9$，迭代回合数为 1 000 次，最大步数为 500 步，表 8-2 给出了四种算法的平均累计奖励值。

表 8-2　平均累计奖励值

算法	Q-learning	DQN	CDDN	ACDN
平均累计奖励	−1 007.13	962.79	1 179.67	3 125.89

从表中可以看出，基于 ACDN 的导航技能学习算法的平均累计奖励要高于基于 CDDN 的导航技能学习算法、Q-learning 和 DQN。奖励值图像如图 8-2 所示。

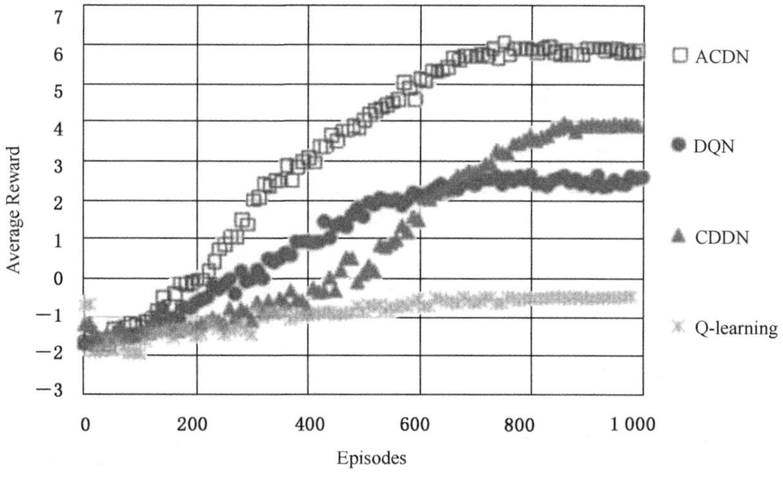

图 8-2　四种算法平均累计奖励随着迭代次数变化曲线图

可以看出基于 ACDN 的导航技能学习算法的平均累计奖励曲线提升和收敛的情况要好于 CDDN、DQN 和 Q-learning。Q-learning 算法因为其只用 Q 值表示存储记忆的局限性，其累计奖励值要低于利用神经网络进行经验回放的深度强化学习算法 DQN。前期的累计奖励值曲线因为 DQN 的神经网络对经验池进行批处理的时候无法随机抽取存入经验池的数据，导致训练数据的相关性过高，产生 Q 值的过估计。而基于 CDDN 的导航技能学习算法很好地解决了 Q 值的过估计问题。

但是因为CDDN是基于值函数的强化学习算法，因为其单步更新机制的局限性，无法在家庭服务机器人连续的动作选择中输出最优 Q 值。针对此对CDDN算法进行策略改进，提出的ACDN算法，可以从图像中观察到ACDN利用策略控制Critic网络进行 Q 值输出，这样可以在连续动作空间上使家庭服务机器人有了更好的动作选择。因此得到更大的奖励值，提升了导航成功率。

2. 成功率

本章分别取前1 000集的成功率、1 000～2 000集的成功率、2 000～3 000集的成功率进行对比。三种算法的成功率如表8-3～8-5所示。

表8-3　前1 000集算法的成功率对比

算法	Q-learning	DQN	CDDN	ACDN
Success rate	21.01%	29.67%	36.33%	45.89%

表8-4　1 000～2 000集算法的成功率对比

算法	Q-learning	DQN	CDDN	ACDN
Success rate	43.16%	59.73%	73.07%	85.36%

表8-5　2 000～3 000集算法的成功率对比

算法	Q-learning	DQN	CDDN	ACDN
Success rate	87.31%	90.67%	93.23%	95.89%

可以看出，在前1 000集成功率对比上，基于ACDN的导航方法的成功率要高于基于CDDN的导航方法和目前主流的Q-learning和DQN算法。因为基于ACDN的导航方法首先利用梯度策略求出最优梯度值，由求出的梯度值控制 Q 值网络进行动作输出。利用梯度策略对 Q 值网络拟合使得家庭服务机器人在导航技能学习中可以更好地学习导航策略，提升导航成功率。

在1 000～2 000集的成功率上，因为引入了策略更新机制，基于ACDN的导航方法的收敛速度要高于基于CDDN的导航方法和其他两种。

在2 000～3 000集的成功率上，由收敛状态下的成功率可以看出基于ACDN的导航方法的成功率要高于其他3种。

3. 训练时间

四种算法所需时间如表8-6所示：

表 8-6　算法的训练时间对比

算法	Q-learning	DQN	CDDN	ACDN
Training time	2 280 min	2 034 min	1 680 min	1 289 min

四种算法的训练耗时如图 8-3 所示：

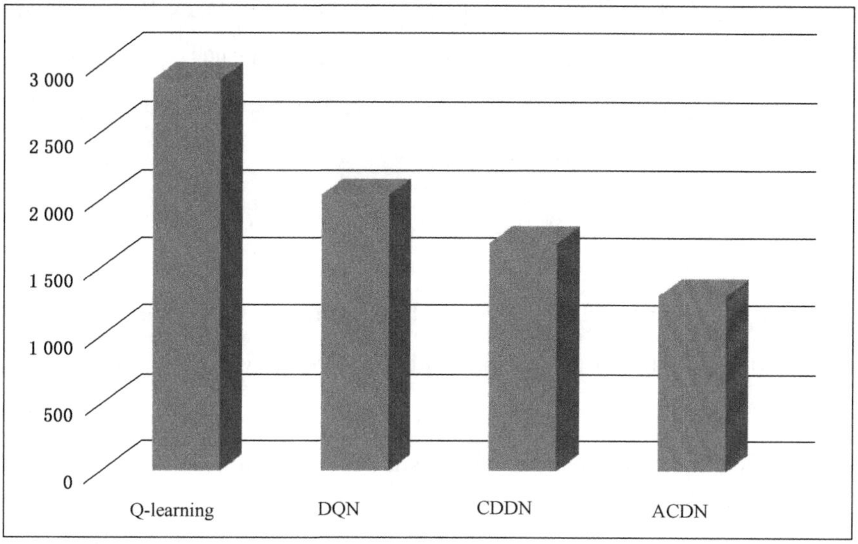

图 8-3　四种算法的训练耗时

横坐标从左向右分别对应着 4 种算法，纵坐标是训练的时间(单位：min)。由表可知：

$$T_{\text{Q-learning}} > T_{\text{DQN}} > T_{\text{CDDN}} > T_{\text{ACDN}}$$

基于 ACDN 的深度强化学习导航方法在导航成功率优于 Q-learning、DQN 等主流算法和基于 CDDN 的导航算法的基础上，模型的训练时长也较上述 3 种算法减少。

因为 Q-learning、DQN、CDDN 属于基于值函数的强化学习方法，利用单步更新机制输出机器人在导航技能学习中每一步的最优 Q 值。而 ACDN 利用策略梯度进行回合更新，考虑的是整个回合内的最优输出而不必计算回合内每一步输出的 Q 值，所以 ACDN 的回合更新机制相比于其他 3 种算法的单步更新机制，减少了冗余训练时间，提升了算法性能。

8.7 本章小结

本章提出了一种基于 ACDN 的深度强化学习导航方法，ACDN 针对第 3 章 CDDN 算法训练时间过长、无法在连续动作空间上运用等问题，进行了网络结构优化。结合了 AC 算法，通过 Actor 的梯度策略引导 CDDN 的值函数进行状态选择。

通过策略梯度控制 Q 值网络进行回合更新，解决了 CDDN 因单步更新机制而对 Q 值的离散化输出，得家庭服务机器人在连续动作空间的选择上得到优化，而且提升了导航任务的成功率。同时结合了基于策略梯度的强化学习方法和基于值函数的强化学习方法的优点，减少了训练时长。

参 考 文 献

[1] Silver D, Lever G, Heess N, et al. Deterministic Policy Gradient algorithms [C]//Proceedings of the 31st International Conference on Machine Learning, Beijing, China, 2014: 387-395.

[2] Shao K, Zhao D, Zhu Y, et al. Visual navigation with actor-critic deep reinforcement learning[C]//2018 International Joint Conference on Neural Networks (IJCNN), IEEE, 2018: 1-6.

[3] Bouhamed O, Ghazzai H, Besbes H, et al. Autonomous UAV navigation: A DDPG-based deep reinforcement learning approach[C]//2020 IEEE International Symposium on Circuits and Systems (ISCAS), IEEE, 2020: 1-5.

[4] Sasaki Y, Matsuo S, Kanezaki A, et al. A3C based motion learning for an autonomous mobile robot in crowds[C]//2019 IEEE International Conference on Systems, Man and Cybernetics (SMC), IEEE, 2019: 1036-1042.

[5] Junior Costa D J, Victor Augusto K, Alisson Henrique K, et al. Soft actor-critic for navigation of mobile robots[J]. Journal of Intelligent and Robotic Systems: Theory and Applications, 2021, 102(2): DOI: 10.1007/s10846-021-01367-5.

[6] 王昌龙. 基于改进深度强化学习的家庭服务机器人避障技能学习算法[D]. 秦皇岛：燕山大学，2020.

第9章　基于功用性图的杂乱场景目标推动-抓取技能学习

9.1　引言

近年来，机器学习方法快速发展，使得机器人可以实现对未知物体的自主抓取操作，但机器人抓取杂乱场景下的目标物体仍面临不小的挑战。一些研究在公共抓取数据集上通过有监督的训练以获取最优抓取框、判定物体的抓取点或抓取位姿，并通过视觉引导等技术完成机器人对物体的操作[1-2]，但应用大量数据集导致训练时间过长。强化学习的兴起，使得机器人可以自监督地与环境进行信息交互，进而完成所设定的任务。传统强化学习方法为机器臂抓取、机器人堆叠和整理、四足机器人行走以及机器人导航等高维度的控制问题提供了较好的解决方案。

数据驱动的方法在许多方面都取得了成功，受此鼓舞，深度神经网络也被用在杂乱场景下的物体姿态估计。基于深度强化学习算法的自监督抓取策略为实现自动化抓取提供了可能，该类方法在抓取对象形状、位姿未知的情况下，通过策略迭代与奖励值反馈进行自监督学习。受此启发，针对杂乱环境下面向目标物的抓取任务，本章提出一种基于功用性图检测的目标抓取技能自监督学习方法[3]，给出了杂乱环境下面向目标抓取的问题描述，基于自适应参数调节与分组拆分注意力机制，提出一种新型特征提取网络 RGSA-Net，同时通过自适应参数调节防止梯度弥散，设计了目标推动-抓取技能学习的框架，利用基于值函数和策略梯度的强化学习算法，实现机器人在推动-抓取操作间的协同。

9.2　系统框架

本章基于深度强化学习设计了一种目标推抓技能自监督学习方法。如图 9-1

所示，整个框架分为视觉机制模块(Vision Model)和动作机制模块(Action Model)。首先将机器人上方的RGB-D相机获取工作台的图像信息作为当前时刻状态 s_t 放到图像经验池(SRB)和视觉机制模块中。图像经验池用于打破相邻时间内图像的相关性。视觉机制模块由两部分构成，一部分是RGSA-Net特征提取网络，另一部分是由推抓网络构成的动作网络。该模块用于生成推抓功用性图(Affordance Map)、整合推抓操作的位置 $p(x,y,z)$ 和角度信息 θ 。利用环境给出的功用性图奖励 R^c 进行随机梯度下降训练网络参数。将功用性图作为当前时刻的特征状态 s_t^c 送入特征经验池(FRB)与动作机制模块中。特征经验池用于打破相邻时间内特征的相关性。动作机制模块将传统的Actor-Critic框架进行拆分，将评价网络进一步分解成Q网络与Target网络，用于训练机器人推抓动作之间的协同并执行动作，利用环境给出的动作奖励 R^c 进行参数更新。

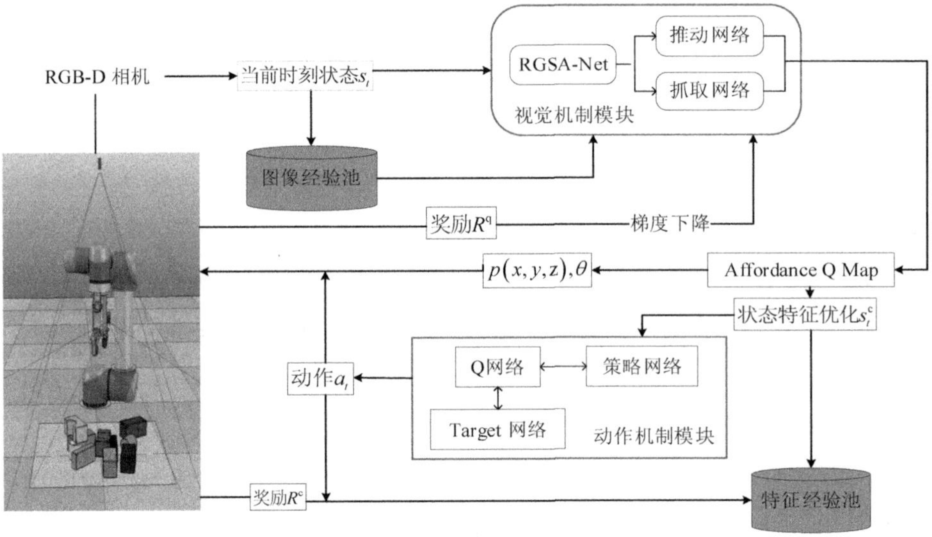

图 9-1　机器人目标抓取技能自监督学习系统

视觉机制模块执行流程如图9-2所示。首先在相机坐标中将深度信息投影到3D点云中，创建正交自顶向下的RGB-D高度图，预处理后得到状态高度图(Heightmap)，将其旋转16次后输入到特征提取网络RGSA-Net进行特征提取。然后将提取到的特征作为推抓动作网络的输入，分别得到推动与抓取动作的功用性图，得到置信度最大的动作执行像素点与角度。最后再将3D点云从相机坐标转换为机器人坐标，得到工作空间的接触点位置执行推动或抓取动作。

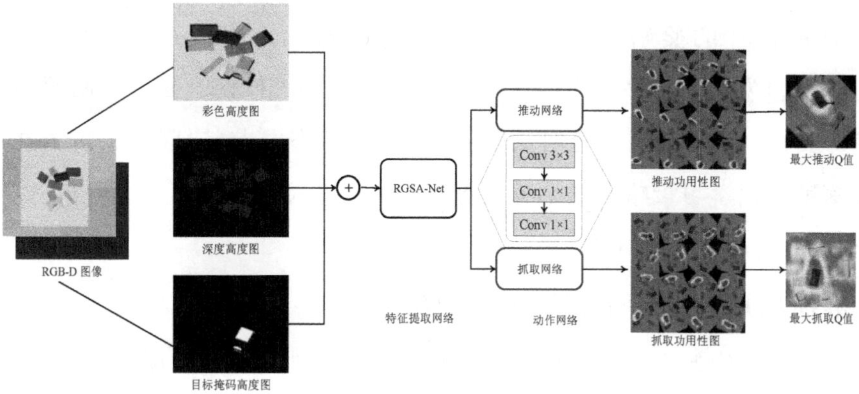

图 9-2 视觉机制模块执行流程

动作机制模块基于 Actor-Critic 框架的思想，其策略网络输入为当前状态值，输出为决策动作，目标是训练最优的策略 $\pi_\theta(s^c, a)$ 以达到最高奖励，即在状态 s_t^c 下执行的动作 a_t 得到最优的参数 $J(\theta)$：

$$J(\theta)=\sum_{a\in A}\pi_\theta(s^c,a)r^c(s_t^c,a_t) \tag{9-1}$$

其评价网络基于值函数，负责评估动作网络的表现，并指导该网络下一阶段的输出动作，即评判动作执行的好坏，其目标函数梯度更新计算公式如下：

$$\nabla J(\theta)=\sum_{a\in A}\pi_\theta(s^c,a)\nabla_\theta \log\pi_\theta(s_t^c,a)r^c(s_t^c,a_t) \tag{9-2}$$

9.3 推动和抓取任务描述及抽象化

杂乱环境的特点是在一个场景下形状未知的物体无规律堆叠，且目标物体被严重遮挡。因此，该环境中面向目标的抓取尤为困难。功用性图定义了某一像素的推抓置信度，颜色越深表示采取动作的置信度越高，反之置信度越低。本章研究机器人在图 9-1 所示的杂乱环境下面向目标的抓取问题，采用 RGB-D 相机作为机器人的外部传感器，利用功用性图判断该场景中是否存在适于抓取的位置和角度。若存在则直接抓取；若不存在，则采取若干次推动动作，增大目标物体周围的空间供机器人抓取。

本章将机器人目标推抓技能学习问题定义为一个 MDP，此 MDP 由七元组（S，

$S^c, A, R^q, R^c, \boldsymbol{P}, \gamma$) 组成。其中，$S$ 为图像状态集，即任意时刻 RGB-D 相机采集的工作空间信息；S^c 为构建的特征状态集；A 为包含推抓动作的有限动作集；R^q 为针对功用性图设计的奖励函数集合；R^c 为针对执行动作设计的奖励函数集合；$\boldsymbol{P}(s^c_{t+1} | s^c_t, a_t)$为状态转移概率矩阵；$\gamma \in (0,1]$ 为折扣因子，通过控制预期奖励来平衡即时奖励。机器人在任意时刻 t 接收到图像状态 s_t 与特征状态 s^c_t，并在双状态下基于深度强化学习策略以概率 p 选择行为a_t，进入新的状态 s_{t+1} 和 s^c_{t+1} 并得到相应的奖励 $r^q(s_t, a_t)$ 和 $r^c(s^c_t, a_t)$ 。

9.4 推抓功用性图特征提取网络 RGSA-Net

为了生成准确的推抓功用性图，本章在视觉机制模块中以深度残差网络(ResNet18[4])作为主骨干，设计了一种基于分组卷积和自适应拆分注意力机制的特征提取网络 RGSA-Net。该网络将预处理后得到的 3 种高度图(彩色高度图、深度高度图、目标掩码高度图)旋转 16 次后作为输入，得到所有像素点期望 Q 值并生成推抓功用性图，采取贪婪策略选取最大的 Q 值像素点转化为动作执行位置点 $p(x, y, z)$，同时得到动作执行的角度 θ。

9.5 自适应参数

深度神经网络虽然在各个领域取得了很大进展，但是经常面临梯度消失或梯度弥散等问题，研究者们通常使用 3 种方法解决上述问题[5]：设置初始化；正则化，即使用 BatchNorm 或 LayerNorm 等；残差连接方法。而这些方法同样存在着设计痕迹过重、计算开销大等问题。对于一个深度为 L 的模型，传统残差网络第 l 层输出为：

$$\boldsymbol{z}^{(l)} = H(\boldsymbol{x}^{(l-1)}) = \boldsymbol{x}^{(l-1)} + F(\boldsymbol{x}^{(l-1)}) \tag{9-3}$$

本章在残差连接前增加一个初始值为零的自适应调节参数，使模型能够更好地接收到梯度信号，加快收敛速度，其基本形式如下所示：

$$\boldsymbol{z}^{(l)} = H(\boldsymbol{x}^{(l-1)}) = \boldsymbol{x}^{(l-1)} + \alpha_i \times F(\boldsymbol{x}^{(l-1)}) \tag{9-4}$$

残差网络可以解决传统神经网络中梯度弥散的问题，但用其拟合恒等变换并不容易。恒等变换的主要目标是构造一种天然的恒等映射，即：

$$\boldsymbol{x}^{(l)} = \boldsymbol{z}^{(l)} \tag{9-5}$$

等价于令残差部分 $F(\boldsymbol{x}^{(l-1)}) \to 0$。

对于任意两个层数 $l_2 > l_1$，可将式(9-3)递归展开：

$$\boldsymbol{x}^{(l_2)} = \boldsymbol{x}^{(l_1)} + \sum_{i=l_1}^{l_2-1} \alpha_i \times F(\boldsymbol{x}^{(i)}) \tag{9-6}$$

最终损失 ε 对于低层输出的梯度可展开为：

$$\frac{\partial \boldsymbol{\varepsilon}}{\partial \boldsymbol{x}^{(l_1)}} = \frac{\partial \boldsymbol{\varepsilon}}{\partial \boldsymbol{x}^{(l_2)}} + \frac{\partial \boldsymbol{\varepsilon}}{\partial \boldsymbol{x}^{(l_2)}} \frac{\partial}{\partial \boldsymbol{x}^{(l_1)}} \sum_{i=l_1}^{l_2-1} \alpha_i \times F(\boldsymbol{x}^{(i)}) \tag{9-7}$$

式中，前一项表示反向传播时，错误信号不经过任何中间权重矩阵变换直接传播到低层，可以很好地缓解梯度弥散问题。

自适应参数 α_i 的训练如下所示。假设深度神经网络模型输出由下式给出：

$$\boldsymbol{x}_L = (1 + \alpha \boldsymbol{\omega})^L \boldsymbol{x}_0 \tag{9-8}$$

其中权重参数 $\boldsymbol{\omega}$ 训练迭代过程为：

$$\boldsymbol{\omega} \leftarrow \boldsymbol{\omega} - \lambda L \boldsymbol{x}_0 (1 + \alpha \boldsymbol{\omega})^{L-1} \partial C \tag{9-9}$$

式中，C 为损失函数；λ 为学习率。由式(9-9)可以看出：当 $\alpha = 0$ 时，第一轮更新没有更新参数 $\boldsymbol{\omega}$。参数 α 的训练过程如下所示：

$$\alpha \leftarrow \alpha - \lambda L \boldsymbol{x}_0 \boldsymbol{\omega} \partial C = -\lambda L \boldsymbol{x}_0 \boldsymbol{\omega} \partial C \ (\alpha = 0) \tag{9-10}$$

从第二轮开始，权重参数 $\boldsymbol{\omega}$ 更新方式为：

$$\lambda L \boldsymbol{x}_0 (1 + \alpha \boldsymbol{\omega})^{L-1} \partial C = \lambda L \boldsymbol{x}_0 (1 - \lambda L \boldsymbol{x}_0 \boldsymbol{\omega}^2 \alpha C)^{L-1} \partial C \tag{9-11}$$

由式(9-11)可以看出，如果损失函数 C 是合理的，当前的更新不会导致很强的梯度震荡 ($\lambda L \boldsymbol{x}_0 \boldsymbol{\omega}^2 \alpha C \approx 0$)，保证了深度神经网络模型更新时网络的稳定性。自适应参数 α_i 在 RGSA-Net 中的更新过程如图 9-3 所示。

9.6　基于分组卷积的 RGSA-Block

分组卷积已经被证实可以在效能不变的情况下大大减少参数量。若初始输入深度神经网络的特征向量维度为 $C_1 \times H \times W$，将该特征在通道维度上分成 g 个基数组 $\{\boldsymbol{G}_1, \boldsymbol{G}_2, \cdots, \boldsymbol{G}_g\}$ 每组特征维度为 $(C_1/g) \times H \times W$。若普通卷积对应的卷积核大小为 $K \times K \times C_1$，则分组卷积核的维度为 $K \times K \times C_1/g$。将 g 组特征在通道维度拼接后仍可得到维度为 $C_2 \times H \times W$ 的输出特征。此时深度神经网络的参数量可减少为标

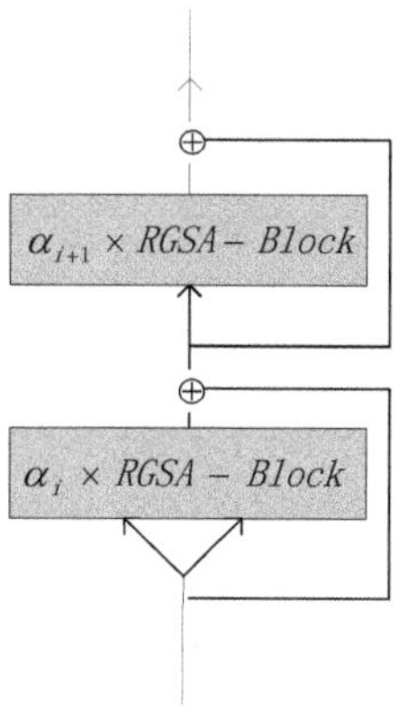

图 9-3　自适应参数更新过程

准卷积操作的 $1/g$，且经过不同路径卷积得到的特征图之间的耦合性较低，利用关注的不同特征可以得到互为补充的特征图。

本章将 RGB-D 相机采集到的图片数据经过一种语义分割的深度全卷积神经网络结构 SegNet 预处理后，得到了彩色高度图（RGB-Height）、深度高度图（Depth-Height）、目标掩码高度图（Mask-Height）。将特征提取后的三种数据在通道维度融合，得到维度为 $1\times5\times640\times640$ 的特征。深度强化学习框架每次训练输入网络的样本数量为 1 会导致特征归一化失败，因此本章在通道维度增加相同维度的数据并进行特征拼接。最终 RGSA-Net 的输入特征维度为 $2\times5\times640\times640$，输出特征维度为 $1\times1\,024\times20\times20$。

如图 9-4 所示，本章的 RGSA-Block 基本块先将输入特征分为两个候选集（$K=2$）、每一集合又分成两组（$G=2$）进行训练，每一组特征在经过两个不同卷积块后馈入到拆分注意力模块进行特征融合。卷积块由卷积层、归一化层、ReLU 激活函数依次构成，区别在于卷积核的大小分别为 3×3 和 5×5。两个候选集的输出特征经过拼接操作后经过 1×1 的卷积块进行维度调整以适应网络输入，乘上自适应参数 α_i 后与原始特征向量进行相加后作为最终的输出特征。

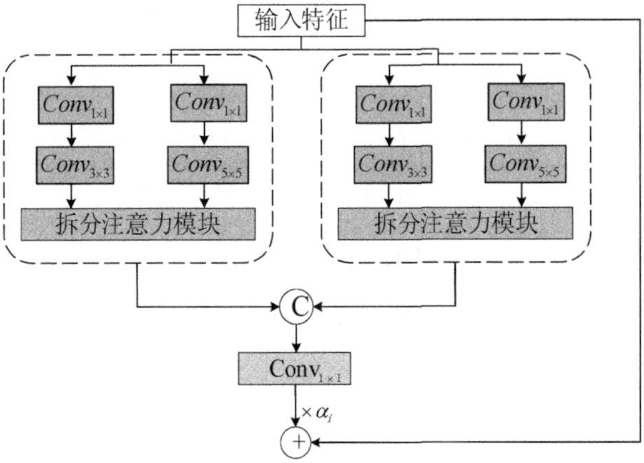

图 9-4 RGSA-Block 网络结构

如图 9-5 所示，本章将 RGSA-Block 基本块嵌入残差网络 ResNet-18 后得到了 RGSA-Net。

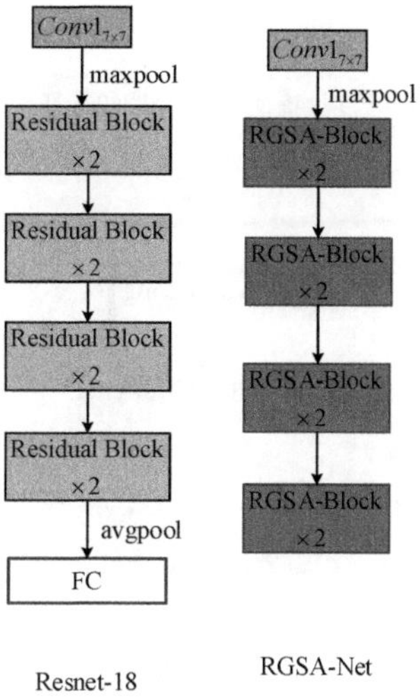

图 9-5　RGSA-Net 网络结构

9.7　基于拆分注意力机制的 Split-Attention 模块

在计算能力有限的情况下，机器人需要更加注意目标物体周围的情况。使用具有注意力机制的深度神经网络，使得机器人可以更快地定位目标物体，提高对目标物体的注意力程度，从而探索更多的环境状态以获得目标信息。如图 9-6 所示，本章采用基于通道的拆分注意力机制，对于输入 RGSA-9Net 网络的 RGB-Height、Depth-Height、Mask-Height 3 种状态高度图在通道方面给予不同的权重，以建模 5 个通道的重要程度。

图 9-6 中，设每个输入特征的维度为 $W \times H \times C$，其中 $C = \frac{C_1}{K}$，特征融合计算公式为：

$$\hat{T}_k = \sum_{j=r(k-1)+1}^{rk} T_j \tag{9-12}$$

式中，$r=2$ 为基数。将融合后的特征进行全局平均池化，计算公式如下：

$$\boldsymbol{s}_k^c = \frac{1}{H \times W} \sum_{i=1}^{H} \sum_{j=1}^{W} \hat{T}_k^c(i, j) \tag{9-13}$$

至此，将得到的单图平均后的中间特征经过卷积块处理后进行通道拆分，拆分成通道数为 3、1、1 的三种特征后，再分别经过全连接层和 r-SoftMax 层进行特征提取，r-SoftMax 层参数计算如下：

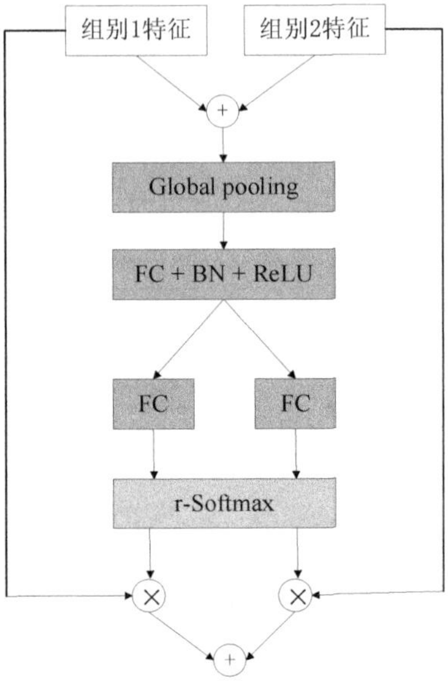

图 9-6 拆分注意力网络结构

$$a_i^k(\mathrm{d})=\begin{cases}\dfrac{\exp(F_i^c(\boldsymbol{s}_k))}{\sum\limits_{j=0}^{r}\exp(F_i^c(\boldsymbol{s}_k))} & r>1,\\[2ex] \dfrac{1}{1+\exp(-F_i^c(\boldsymbol{s}_k))} & r=1\end{cases} \tag{9-14}$$

将经过 r-SoftMax 层的三种特征在通道维度进行特征融合，得到通道数为 5 的输出特征输入下一个网络模块中。

9.8 面向机器人推抓技能学习的 DQAC 算法

训练面向目标物体推抓动作之间的协同是机器人抓取成功的关键。在保证抓取成功率的同时尽可能地减少机器人运动次数，就需要建立起良好的评估机制，充分训练推抓之间的协同策略。

本章的动作机制模块基于 Actor-Critic 设计了一种自监督学习算法 DQAC，该算法由策略网络和值网络构成。策略网络建立模型 $\pi(s,a;\theta)$ 将动作选择策略参数化，根据状态的分布概率选择离散动作。值网络评判当前动作以迭代更新策略参数值，使得策略模型的累计回报不断增加，从而得到最优的协同动作策略。

熵是信息论中的重要概念，用于表示信息的不确定程度，熵值越大信息的不确定程度越大。

$$H(X)=-\sum_{1}^{n} p(x_i) * \log p(x_i) \tag{9-15}$$

DQAC 算法是针对离散动作空间异策略改进的强化学习算法，使用信息熵最大化随机策略提高机器人对环境的探索能力，实现目标策略的优化。

$$\pi^* = \underset{\pi}{\operatorname{argmax}} E_{(s,a)\sim\rho_\pi}\left[\sum_t r(\boldsymbol{s}_t^c, a_t) + \alpha H(\pi(\cdot|\boldsymbol{s}_t^c))\right] \tag{9-16}$$

式(9-16)中目标函数值 π^* 为最优策略，$H(\pi(\boldsymbol{s}_t^c))$ 表示在状态为 $\boldsymbol{s}_t^c$ 时采取不同策略得到的不同熵值，根据熵值加大对环境的探索使得策略随机化，避免反复执行同一个动作而陷入局部最优。DQAC 算法根据概率选择最高回报的动作以最大化目标函数奖励值，采用软更新方式进行策略迭代。

DQAC 算法对实验环境的奖励值进行了设定，奖励值由功用性奖励 r_g 和动作奖励 r_g^c 组成。将推动动作奖励定义为：检测到环境变化量超过某个阈值时 $r_p=0.5$，$r_p^c=0.5$，未超过阈值时 $r_p=0$，$r_p^c=-1$，本章阈值设置为 30 个像素。将抓取奖励定义为：抓取目标成功时 $r_g=1$，$r_g^c=1$，抓取目标失败时 $r_g=0$，$r_g^c=-1$。

如图 9-7 所示，动作机制模块由策略网络(Actor)、值网络(Critic)和目标值网络(Target Critic)组成，三种网络采用结构相同的多层神经网络(MLP)搭建。MLP 网络由输入层、隐含层和输出层三部分组成，每层的任意神经元与相邻层的所有神经元连接，同一层的神经元之间没有连接。

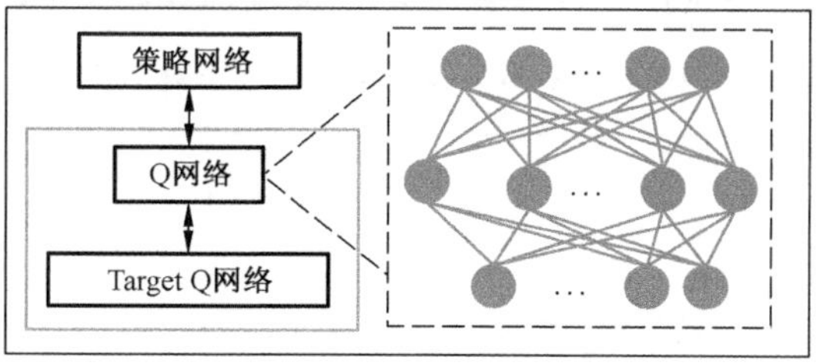

图 9-7　动作机制模块网络结构

该模块首先将优化后的特征状态输入策略网络中，由各中间层神经元传播到输出层神经元，在输出层获取网络的输入响应。然后使用 Softmax 函数对离散动作进行概率分布计算，最后使用非线性激活函数 Relu 防止梯度消失。值网络由两个 MLP 网络组成，每个 MLP 网络根据机器人的特征状态和动作拟合现实 Q 值。目标值网络与值网络结构相同，使用软更新策略复制值网络参数，用于计算下一状态预测 Q 值。

考虑机器人在杂乱环境中采取推动和抓取两种离散动作，DQAC 算法根据特征状态 s_t^c 对策略 π 进行拟合以减小目标估计方差。由贝尔曼方程得出计算离散动作对应值函数公式如下所示：

$$V_\pi(\boldsymbol{s})=\pi(\boldsymbol{s}_t^c)\left[Q(\boldsymbol{s}_t^c,a_t)-\alpha\log(\pi(\boldsymbol{s}_t^c))\right] \tag{9-17}$$

式中，α 为温度参数，用于自适应调节值函数的奖励。

目标值网络输出计算公式如下所示：

$$\boldsymbol{y}_t=r_t^c(\boldsymbol{s}_t^c,\boldsymbol{s}_{t+1}^c;a_t)+\gamma V_\pi(\boldsymbol{s}_t^c) \tag{9-18}$$

该网络使用均方误差损失函数计算目标值与现实值之间的差值 δ 并进行梯度下降。均方误差损失函数计算公式如下：

$$\delta=(y_t-Q(\boldsymbol{s}_t^c,a_t))^2 \tag{9-19}$$

通过减小熵值损失来减小估计值的损失方差，据此，设计了如下的温度熵损失目标函数：

$$\boldsymbol{J}(\alpha)=\pi_t(\boldsymbol{s}_t^c)^{\mathrm{T}}\left[-\alpha(\log(\pi_t(\boldsymbol{s}_t^c))+H)\right] \tag{9-20}$$

目标值网络加入动作值函数期望和熵值计算来更新策略，对离散动作空间输出准确的概率分布以减小误差。故设计策略损失目标函数如(9-21)所示。

$$\boldsymbol{J}_\pi(\varphi)=E_{s_t^c\sim D}\left[\pi_t(\boldsymbol{s}_t^c)^{\mathrm{T}}(\alpha\log(\pi_\varphi(\boldsymbol{s}_t^c))-Q_\theta(\boldsymbol{s}_t^c,a_t))\right] \tag{9-21}$$

综上所述，DQAC 推抓技能自监督学习算法流程如表 9-1 所示。

表 9-1　DQAC 推抓技能自监督学习算法流程

输入：当前状态 $\boldsymbol{s}$
输出：Q,π^*
1：初始化视觉网络参数 ω 和动作策略网络 $\pi(\varphi)$，值网络 Q_{u_1}，Q_{u_2}，目标值网络 $\overline{Q_{u_1}}$，$\overline{Q_{u_2}}$
2：$u_1\leftarrow\overline{u_1}$，$u_2\leftarrow\overline{u_2}$
3：初始化图像经验池 D 和动作经验池 D^c，定义 M
4：迭代次数 $< M$：

续表

5:计算置信度 Q 值:
$$Q_{t+1}=R_{a_t}(\boldsymbol{s}_t,\boldsymbol{s}_{t+1})+\gamma\max_a(\boldsymbol{s}_{t+1},a;\omega)$$
6:根据功用性图最大 Q 值,得到机器人工作点位置 $p(x,y,z)$ 和旋转角度 θ
7:初始化特征状态信息 $\boldsymbol{s}^c$
8: $a_t\sim\pi_\varphi(a_t\mid\boldsymbol{s}_t^c)$　　根据策略选择执行动作
9:选择执行动作 a_t
10: $\boldsymbol{s}_{t+1}^c\sim p(\boldsymbol{s}_{t+1}^c\mid\boldsymbol{s}_t^c,a_t)$ 转移概率更新下一特征状态
11:环境反馈奖励值 r,r^c
12:策略函数计算:
$$\pi^*=\mathrm{argmax}E_{(s,a)\sim\rho_\pi}\left[\sum_t R(\boldsymbol{s}_t^c,a_t)+\alpha H(\pi(\cdot\mid\boldsymbol{s}_t^c))\right]$$
13:计算损失函数,优化目标,更新网络参数
14: $\hat{\boldsymbol{\varphi}}\leftarrow\boldsymbol{\varphi}-\lambda_\pi\nabla_\varphi\boldsymbol{J}_\pi(\boldsymbol{\varphi})$　　更新策略网络参数
15: $\hat{\boldsymbol{\mu}}\leftarrow\boldsymbol{\mu}-\lambda_Q\nabla_\mu\boldsymbol{J}(\boldsymbol{\mu})$　　更新值网络参数
16: $\hat{\alpha}\leftarrow\alpha-\lambda\nabla_\alpha\boldsymbol{J}(\alpha)$　　更新温度参数
17: $\hat{Q}\leftarrow\tau\hat{Q}+(1-\tau)Q$ 目标网络参数进行软更新
18: $\boldsymbol{s}_{t+1}=\boldsymbol{s}_t,\boldsymbol{s}_{t+1}^c=\boldsymbol{s}_t^c$
19:存储图像经验池和特征经验池 $(\boldsymbol{s}_t,\boldsymbol{s}_{t+1},a,r)$, $(\boldsymbol{s}_t^c,\boldsymbol{s}_{t+1}^c,a,r^c)$
20:下一步训练,经验池采样 $(\boldsymbol{s}_t,\boldsymbol{s}_{t+1},a,r)$, $(\boldsymbol{s}_t^c,\boldsymbol{s}_{t+1}^c,a,r^c)$
21:直到迭代次数 $>M$

9.9　实验

9.9.1　仿真环境搭建

为了验证本算法对机器人目标物体抓取的性能,使用了 V-REP 3.5.0 动力学仿真软件模拟机器人在未知环境下对目标物体的抓取。该软件内部逆运动学模块可模拟真实场景中机械臂运动路径规划,同时还具有重力等物理引擎可模拟真实物体属性。使用 RGB-D 相机采集工作空间状态信息。该相机由被动 RGB 相机和主动深度传感器组成,除了提供 RGB 图像外还提供每个像素的深度信息,可根据每个像素的深度值快速转换为点云信息用于 3D 感知。

本章建立如图 9-8 所示的仿真实验环境。建立装有 RG2 夹具的 UR5 机械臂模型，并在工作空间正上方与斜上方 45°的位置安装 RGB-D 相机，该相机会在每次机械臂执行完动作后进行图像采集，提供完整的且大小为 640×480 的 Depth 信息。

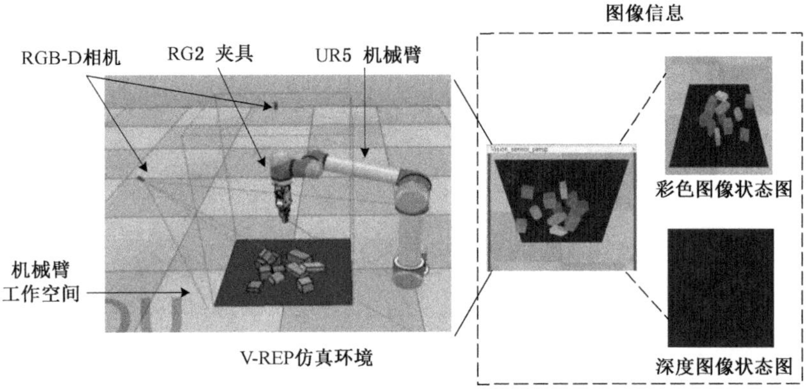

图 9-8 V-REP 仿真环境与图像信息

本章使用的硬件配置为 3.6GHz Intel Core i9-9900k CPU 和 NVDIA2070S GPU，操作系统为 Ubuntu18.04 LTS，V-REP 的版本为 3.5.0 的教育版本，采用 0.4 版本的 PyTorch 框架来训练网络模型。

9.9.2 训练阶段

训练阶段待抓取的目标物体颜色、形状及位置随机，机器人通过不断试错寻找最优策略来实现未知环境下对目标物体的成功抓取。该阶段采用特征提取网络 RGSA-Net 生成推动和抓取功用性图，采用 DQAC 框架选取最优动作，前期采用初始探索概率为 0.50 的 ε-greedy 策略进行探索，且概率随训练回合数增加而减小，并采用最大贪婪策略与动作分类策略探索推抓动作之间的协同，n-steps 为自监督训练的回合数。如前图 9-1 所示，在仿真环境中杂乱放置了 m 个随机目标块和 n 个不同形状基本块，机器人通过协调推抓动作实现对目标物体的成功抓取。

为了验证本方法的有效性，将该方法与其他 4 种方法在训练阶段的抓取性能进行了对比。

(1) RAND：一个无需任何学习即对目标物体进行随机抓取的方法。

(2) Grasping-only[6]：使用全卷积网络识别目标物体，仅依靠抓取动作实现对目标物体的抓取。

(3) VPG-Target[7]：使用基于 DQN 的强化学习框架训练推抓之间的协同实现目标抓取；对于给定目标物体，使用两个动作全卷积网络映射动作 Q 值。

(4) GIT[8]：基于深度强化学习方法，通过动作二分类器选择动作实现目标物体抓取。

1. 性能展示

训练阶段执行动作次数的最大阈值设置为 30，当动作数超过阈值或整个工作区域无目标物体时，重置抓取环境开启新一轮的抓取训练，该过程中随机指定目标物体。使用不同算法对机器人进行 2 500 次的训练，对比不同算法的耗时如表 9-2 所示，绘制了机器人在不同方法下的抓取成功率如图 9-9 所示。

表 9-2　不同算法 2 500 次训练耗时

方法	训练耗时/h
RAND	4.45
Grasping-only	5.58
VPG	6.33
GIT	5.72
OURS(RGSA-Net)	6.15
OURS(DQAC)	5.84
OURS(RGSA-Net+DQAC)	6.24

从表 9-2 和图 9-9 可以看出，在训练过程中，RAND 算法训练耗时最短，但其面对目标抓取任务时忽略环境而采取随机策略选择动作，使得该算法抓取成功率极低。Grasp-Only 算法中加入了卷积神经网络处理视觉输入，训练耗时较 RAND 有所增加，但其仅采用抓取动作，忽略了杂乱环境对目标任务的影响使得其抓取成功率偏低。对增加目标的 VPG 方法，采用 DQN 强化学习训练推动动作改变环境结构，从而使目标更好地暴露在工作空间中实现对目标的抓取操作。但 VPG-Target 对推动动作的训练效率比较低，仅为了改变环境结构而去推动，没有考虑推抓之间

的协同，故训练耗时增加，在所有算法中耗时最长，抓取成功率在60%左右。GIT使用简单的二分类器对动作进行拟合预测提高动作协同效率，同时简化协同训练网络，使得训练耗时有所减少，抓取成功率在60%～70%之间。

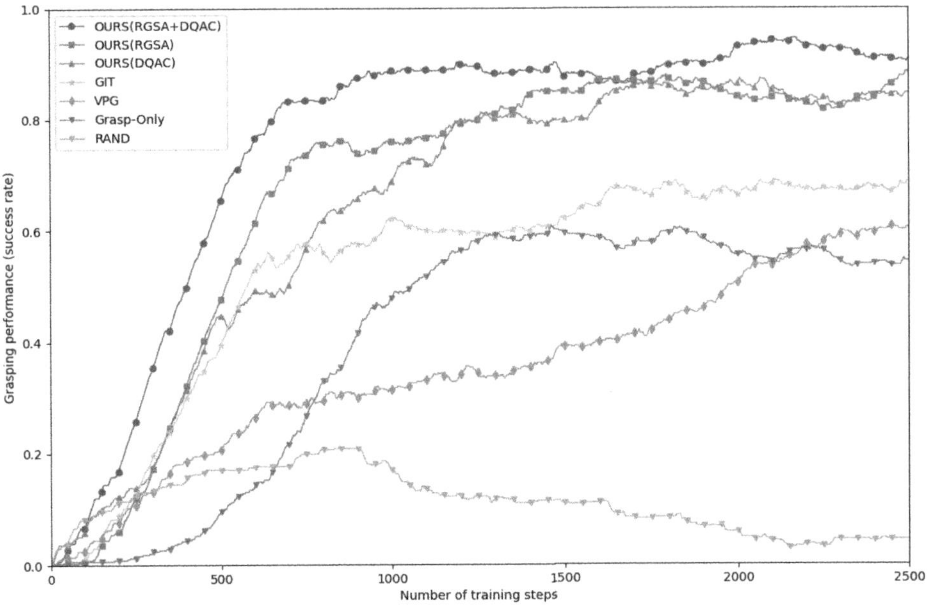

图 9-9　抓取成功率对比

2. 性能展示

本章使用基于RGSA-Net目标提取网络与DQAC自监督学习框架机器人目标抓取方法。在前期对视觉输入进行处理时使用了分组拆分注意力RGSA模块，该模块较传统残差块具有较深的网络层次，使得训练时长有所增加，但训练网络参数时融合自适应参数方法，加快了梯度下降来提高网络收敛速度，最终耗时比GIT稍长。本章的DQAC框架在传统Actor-Critic算法基础上将动作网络拆分成两部分，更好地训练了推抓之间的协同，由于其网络结构较为简单，故耗时较GIT相差不大。但由于DQAC使用传统视觉机制模块，前期对于目标定位准确程度不足。本章将视觉机制模块与动作机制模块进行结合后，训练时长较DQAC框架有所增加，但其效果达到最佳，受环境干扰较小，抓取成功率在90%左右，总体训练性能优于其他方法。

视觉效果对比如图 9-10 所示，由本章算法得到的推抓功用性图可以更好地定位到目标物体，推抓中心均恰好在目标物体之上。而使用 GIT 算法产生的推抓功用性图某一区域热度较高，无法实现对目标的精准定位，进一步验证了视觉机制模块对机器人最终抓取效果的重要作用。

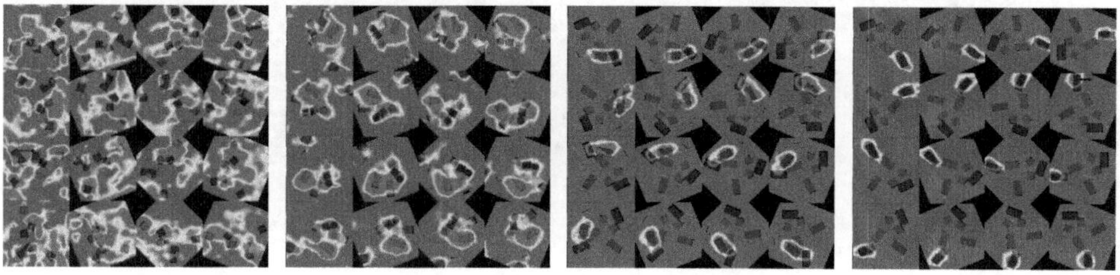

图 9-10　GIT 与 RGSA 算法视觉效果对比

9.9.3　实验场景

为了检验本算法在不同实验场景中的有效性，在仿真中设置了 3 组对比实验进行测试，分别为松散放置物块场景、紧密放置物块场景和紧密放置完全遮挡物块场景。

本章与 RAND、Grasping-only[6]、VPG[7]、GIT[8] 4 种方法进行对比验证本方法的有效性。对每个测试案例设置 30 轮实验，每轮的动作执行次数阈值设置为 n 次。若机器人在 n 次内实现对目标的抓取，则记为一轮成功的抓取案例，阈值选定与环境有关。定义抓取成功率为 $\frac{\text{成功抓取目标轮数}}{\text{实验总轮数}}$，定义平均运动次数：$\frac{\sum_{1}^{n}\text{每一轮成功运动数(推动}+\text{抓取)}}{n\text{(重复测试实验次数)}}$，该指标数值越小，说明实验成功的效率越高。

1. 松散放置物块场景

由于训练过程的实验场景均是随机摆放实验场景，故本章只设置了 4 个松散放置测试案例。如图 9-11 所示，每一个测试用例中设置一个带特殊颜色的目标物体，其余为干扰物体，用来模拟该算法在随机稀疏环境中的实验效果。

随机松散放置的 4 种测试用例较为简单，可以通过 RGB-D 相机直接获取目标物体的完整特征，无法验证推抓技能的协同作用，故将执行动作阈值设为1，即一次抓取就成功则计入成功案例，否则记为失败，用以检验视觉机制模块对抓取效果的影响。实验结果对比如表9-3所示。

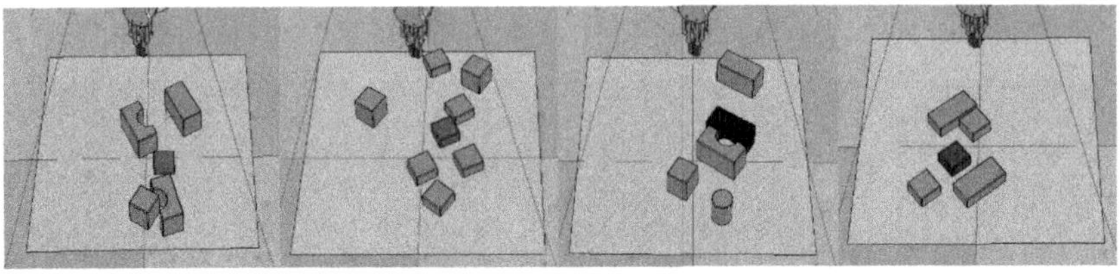

图 9-11　随机松散放置的4种测试案例

表 9-3　松散放置案例平均表现

方法	平均成功率/次	平均运动次数/次
RAND	39.5	4.325±0.41
Grasping-only	52.0	3.170±0.30
VPG	72.0	3.901±0.03
GIT	89.5	2.645±0.15
OURS(RGSA-Net)	95.3	1.413±0.22
OURS(DQAC)	93.1	1.751±0.80
OURS(RGSA-Net+DQAC)	97.4	1.212±0.26

2. 紧密放置物块场景

对于紧密放置物块实验环境，本章设置了8个不同形状目标物体的抓取测试方案来验证训练模型的性能，每一个测试案例设置一个带特殊颜色的目标物体，被其他物体块紧紧包围，用来模拟推抓之间协同训练效果。机器人通过动作集合 $a=\{a_p,a_g\}$ 执行有限次动作，其中 a_p 表示机器人面向目标执行推动动作，改变环境状态为抓取提供足够的空间，a_g 表示抓取动作，动作阈值为5。根据环境状态选择动作并得到环境的反馈训练网络参数，最终实现成功抓取。测试案例如图9-12所示。

目标被紧紧包围8种测试案例更加突出推动动作对最终抓取效果的辅助作用，

即动作机制模块对抓取效果的影响。图 9-13 分别展示了本章方法和其他 4 种方法在 8 个测试案例中的表现，由于每个测试案例的目标场景是不同的，故本章的改进方法表现不同。表 9-4 展示了本章方法与其他 4 种方法的平均抓取成功率与平均运动次数对比结果。

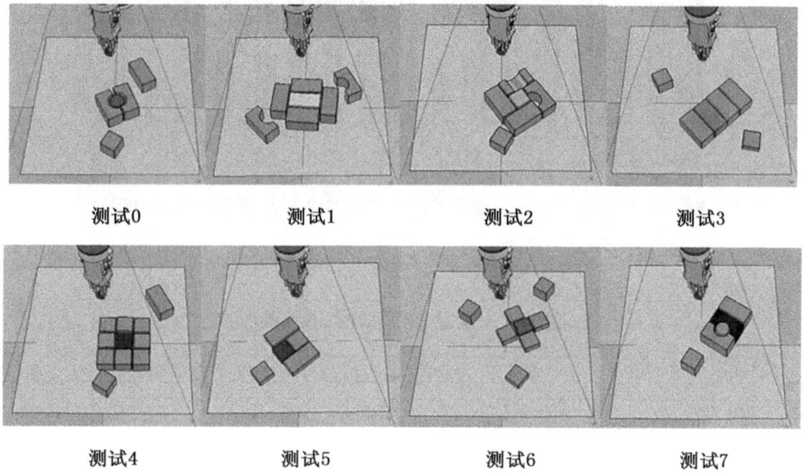

图 9-12　紧密放置的 8 种测试案例

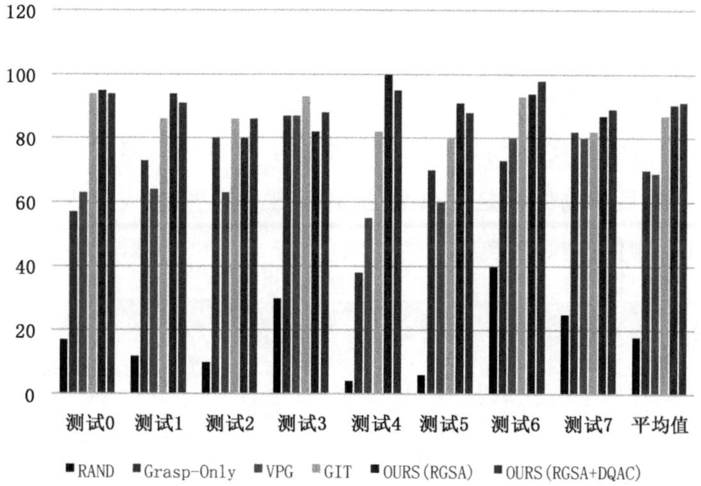

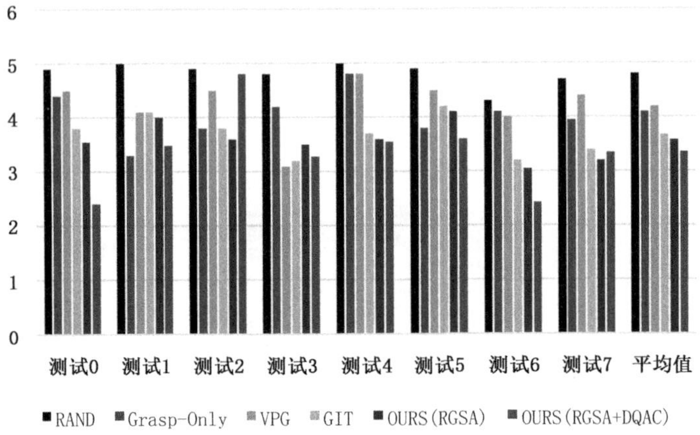

图 9-13　8 个测试案例的测试表现

表 9-4　紧密放置案例平均表现

方法	平均成功率/%	平均运动次数/次
RAND	17.5	4.775±0.60
Grasping-only	35.0	4.325±0.98
VPG	70.0	4.025±0.83
GIT	87.5	3.675±0.90
OURS(RGSA-Net)	90.3	3.575±0.80
OURS(DQAC)	90.0	3.506±0.75
OURS(RGSA-Net+DQAC)	91.1	3.436±0.85

3. 完全遮挡物块场景

对于完全堆叠物块实验场景，本章设置了 4 种不同的测试案例。如图 9-14 所示，每个场景中的目标物体都是不可见的，用来模拟前期无法生成高度图时，机器人对于环境中目标物体的探索能力。

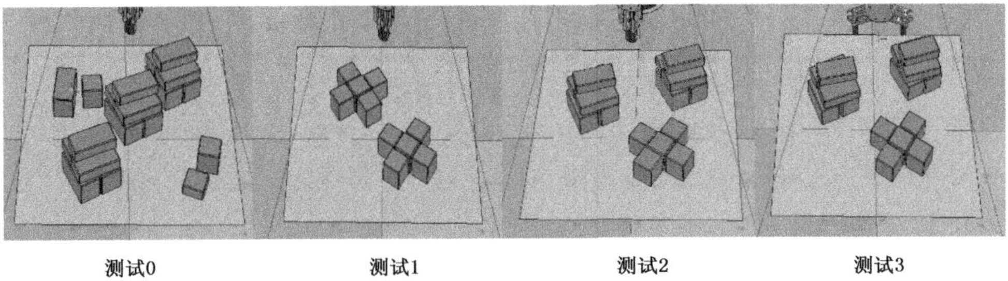

图 9-14　完全堆叠的 4 种测试案例

在该场景下，由于目标物体不可见，故本章算法在获取到当前状态的 Depth 信息后，优先选择较高的堆叠部分使用 ε-greedy 策略进行探索使目标物体特征显现，该场景转化成紧密放置场景。由于该过程为探索过程，机器人仅采用推动动作，故将推动动作阈值设置为 $n_{\text{pushes}}=n_{\text{clutster}}-1$ 其中 n_{clutster} 表示工作空间中干扰块的数量。该过程检验了视觉机制模块与动作机制模块的协同作用效果。实验结果对比如表 9-5 所示。

表 9-5　完全遮挡案例平均表现

方法	平均成功率/%	平均运动次数/次
RAND	47.5	9.832±1.14
Grasping-only	50.1	8.603±0.78
VPG	78.5	7.645±1.33
GIT	89.2	7.175±1.28
OURS(RGSA-Net)	90.7	5.705±1.04
OURS(DQAC)	91.3	5.516±1.75
OURS(RGSA-Net+DQAC)	93.8	5.436±1.24

9.9.4　结果分析

松散放置物体场景模拟了真实场景中随机放置对目标物体的抓取，用于检验视觉机制模块对最终抓取效果的影响。由表 9-2 可以看出，加入 RGSA-Net 视觉机制模块算法以 1.41 的平均移动次数实现了 95.3%的抓取成功率。而使用传统视觉机制的 GIT 算法仅实现了 89.5%的抓取成功率，即使加入动作机制模块的 DQAC 算法仍无法很好地解决视觉特征提取，仅实现了 92.9%的抓取成功率。故本章的 RGSA-Net 算法具有较好的视觉特征效果。

紧密放置物体场景模拟了真实世界中目标物体被紧紧包围的场景，此时由于没有足够的空间用于机械手抓取，故可以检验动作机制模块 DQAC 对抓取效果的影响。图 9-13 展示了 8 个测试案例的表现情况，对于 RAND 和 Grasping-only 方法在每个测试案例中都具有较高的运动次数和较低的任务成功率，抓取成功率在 10%～35%之间，但运动次数在 4.3 以上。有目标的 VPG 方法对于每个测试案例都有不同的表现，可以体现出来推动动作对抓取动作的影响，减少了一定的运动次数，抓取成功率在60%～75%之间,运动次数在4.0左右。GIT采用二分类器来训练动作之间的协同作用,每个测试案例的抓取成功率都有提高,同时减少了运动次数,抓取成功率在85%以上,运动次数在3.6左右。而本章采取基于DQAC的训练框架,以3.4的平均移动次数实现了91.1%的抓取成功率,性能达到最优。

完全遮挡物体场景模拟真实世界中目标物体完全不可见,需要机器人探索环境寻找物体并成功抓取的场景。该过程用于检验视觉机制模块与动作机制模块的协同作用效果。由表9-4数据可得,RAND和Grasping-only两种方法对抓取目标任务的效率比较低,抓取成功率均在50%左右,RADN随机选择动作,忽略了杂波环境对目标的影响,从而导致在面对目标运动时,出现过多的错误动作。Grasping-only对于目标物体仅采取抓取动作,虽然抓取动作对于目标周围的杂波环境有一定的改善,但其影响较小导致Grasping-only仅抓取动作的成功率比较低。增加目标的VPG方法仅依靠预测动作的Q值选择动作,不能有效判断目标所处的杂波状态,有较多的错误抓取动作和冗余的推动动作,导致测试案例的抓取成功率仅在78%,平均运动次数为7.645。GIT使用动作二分类器来协调机器人的推动与抓取动作,不再根据最大Q值进行动作选择,目标物体抓取的平均成功率达到了89.2%,平均运动次数为7.175。本章提出的基于RGSA-Net和DQAC算法的机器人自监督学习方法,使用拆分注意力模块提高对目标物体的关注度,使用DQAC进行动作评判及反馈增强了对杂波环境的感知,平均任务成功率达到了93.8%,平均运动次数为5.436,性能达到最优。

9.10 本章小结

众所周知,在服务机器人共融式宜人化进化过程中,自主认知与操作杂乱场景下的工具是其必备的技能。本章提出一种基于功用性图的目标推抓技能自监督学习方法,克服了抓取成功率低的问题,提高在复杂环境中机器人面向目标抓取技能学习的性能。

本章提出基于RGSA-Net特征提取网络的视觉机制模块生成了准确的推抓功用性图,提出基于DQAC自监督学习方法的动作机制模块实现了推抓之间的协同。在训练阶段提高了抓取性能,在测试阶段提高了3组测试案例的抓取成功率,减少平均移动次数,在仿真环境中验证了所提出方法的有效性。

参考文献

[1] Morrison D,Corke P,Leitner J. Multi-view picking: Next-best-view reaching for improved grasping in clutter[C]//Proceedings of 2019 International Conference on Robotics and Automation (ICRA),USA:IEEE,2019:8762-8768.

[2] 吴培良,李鹏飞,毛秉智.手眼系统中刀具刀头位姿标定与视觉引导[J].计算机工程与科学,2015,37(4):747-753.

[3] 吴培良,刘瑞军,毛秉毅,等.一种基于功用性图的目标推抓技能自监督学习方法[J].机器人,2022:1-14.

[4] He K,ZhangX,RenS,et al. Deep residual learning for image recognition [C]//Proceedings of 29th IEEE Conference on Computer Vision and Pattern Recognition(CVPR),Las Vegas,NV,United states:IEEE Computer Society,2016:770-778.

[5] Gong L, He D, Li Z, et al. Efficient training of BERT by progressively stacking[C]//Proceedings of the 36th International Conference on Machine Learning, International Machine Learning Society (IMLS), 2019: 2337-2346.

[6] Johannink T,Bahl S,Nair A,et al. Residual reinforcement learning for robot control[C]//Proceedings of 2019 International Conference on Robotics and Automation (ICRA),USA:IEEE,2019:6023-6029.

[7] Quillen D,Jang E,Nachum O,et al. Deep reinforcement learning for vision-based robotic grasping: A simulated comparative evaluation of off-policy methods[C]//Proceedings of 2018 IEEE International Conference on Robotics and Automation (ICRA),USA:IEEE,2018:6284-6291.

[8] Deng Y, Guo X, Wei Y, et al. Deep reinforcement learning for robotic pushing and picking in cluttered environment[C]//Proceedings of 2019 IEEE/RSJ International Conference on Intelligent Robots and Systems (IROS),USA:IEEE,2019:619-626.

第10章 基于生成对抗网络与模型泛化的日常工具推动-抓取技能学习

10.1 引言

近年来,机器学习方法的快速发展使得机器人对于未知物体的自主抓取操作成为可能,但杂乱场景下机器人面向目标物体抓取操作仍面临不小的挑战。现阶段,部分学者利用强化学习的决策能力与环境交互实现自监督训练。

抓取操作与非抓取操作通常在机器人学中被分别研究[1]。众所周知,推动是一种基本的运动元素,极大地拓展了机器人的操作技能[2]。在抓取任务中,融入有效的推动可以使得机械臂尽快地将目标物体分离出来,为杂乱环境下的目标抓取提供必要的操作空间。Zeng 等人[3]设置了一种基于无监督深度强化学习框架,对于任意时刻获取的工作空间的状态图像,通过两个并列相同的前馈神经网络同时训练推动与抓取动作来达到协同。Yang 等人[4]基于 Zeng 等人的训练场景,在得到推动与抓取的置信度图后采取二分类的协同策略,实现了对于堆叠不可见的目标物体的探索。

传统强化学习对于任务依赖性较强,即将训练好的深度强化学习模型用于新任务往往不尽如人意。Al-Shano 等人[5]提出了一种基于无模型深度强化学习的机器人抓取策略,使用较少时间和有限的简单对象进行训练,在真实场景中有效地泛化到新对象中。Xu[6]等人提出了一种具有高样本效率的以目标为条件的分层强化学习公式来学习推抓策略在混乱中抓握特定的物体,在分层之间使用参数迁移,提高了样本效率的同时无须微调便可迁移到真实环境。

针对杂乱环境下机械臂的推动-抓取技能学习任务,本章提出一种基于生成对抗网络与模型泛化的深度强化学习算法(GARL-DQN),将生成对抗网络嵌入传统

DQN 中，将推动网络作为生成器来辅助抓取，抓取网络作为判别器判断当前状态是否可以抓取，训练推动与抓取之间的协同算法。此外，使用优先级经验回放机制(HER)思想提高经验池样本利用率。通过引入扰动输入图像状态的随机(卷积)神经网络来提高 GARL-DQN 算法的泛化能力。

10.2　系统框架

本章将生成对抗思想和模型泛化思想与基于值函数的 DQN 强化学习算法相结合，提出一种机器人自监督学习方法 GARL-DQN，用于训练杂乱场景中机器人推动与抓取之间的协同性。首先，将两个 RGB-D 摄像头采集到当前环境中的图像状态信息送入经验池 B 中，并通过重力方向正投影图像来构建视觉高度图和掩码高度图。其次，将机器人推动与抓取技能学习问题重新抽象为一个面向目标的马尔科夫决策过程(MDP)，RGB 高度图、Depth 高度图以及 mask 高度图经过特征提取网络进行特征提取后输入推动与抓取网络中用于生成推动与抓取的功用性图(Affordance Map)。然后，将抓取网络 ϕ_g 作为一个鉴别器，推动网络作为生成器 ϕ_p，评估该系统是否已经准备好对目标物体进行抓取，以便在推动与抓取之间进行选择。在训练过程中使用推动网络与抓取网络的交替训练，提高训练速度。最后，在使用自监督学习框架之前，将提取到的特征经过一个随机网络层(Random Layer)，以提高该算法的泛化性，从而使其可以迁移到其他未见过的实验场景中。基于 GARL-DQN 的深度强化学习机器人操作技能框架如图 10-1 所示。

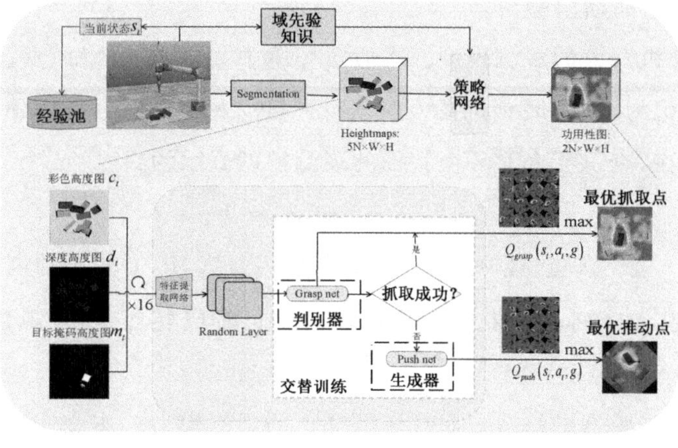

图 10-1　基于 GARL-DQN 的深度强化学习机器人操作技能框架

10.3 推动与抓取任务描述与建模

强化学习的目标是在给定的环境中，在推动与抓取动作等多个任务中找到最优行为，故将该问题建模为一个条件化的马尔科夫决策过程(MDP)，即解决强化学习问题。此MDP由元组 $(S,A,R,\boldsymbol{P},\gamma,p(s_0))$ 构成，其中，S 为工作环境中RGB-D相机采集到的当前时刻图像状态构成的集合；A 为包含推动与抓取动作的有限动作集；R 是为针对执行动作设计的奖励函数集合：$S \times A \rightarrow R$；$\boldsymbol{P}(s_{t+1} \mid s_t,a_t)$ 为当前状态转移到下一时刻状态的转移概率构成的矩阵；$\gamma \in (0,1]$ 是折扣因子，由于强化学习计算的是当前与未来的延时奖励；γ 为未来奖励的折扣系数；$p(s_0)$ 是一个与初始状态有关的分布函数。由于是面向目标的抓取任务，本章将目标对象表示为 g，将公式中的决策、奖励以及 Q 值分别表示为基于目标 g：$\pi(s_t \mid g)$，$R(s_t,a_t,g)$，$Q_\pi(s_t,a_t,g)$。

为了构建推动-抓取任务的模型，首先，建立机器人运动模型。以世界坐标系 x-y 平面上的刚体轮式机器人为研究对象，假设 t 时刻机器人的位姿向量为 s_t，其中包含了世界坐标系下机器人的横轴、纵轴坐标及朝向角三个分量。实际中，机器人运动往往因各种因素干扰而产生不可避免的偏差，考虑到这些误差的存在，则机器人的运动模型和观测模型可表示为如下的概率形式：

$$p(s_t \mid s_{t-1},u_t)=h(s_{t-1},u_t)+\varepsilon_{h,t} \tag{10-1}$$

式中，u_t 为 t 时刻机器人的输入控制量；$h(s_{t-1},u_t)$ 为理想运动方程；$\varepsilon_{h,t}$ 为服从 $N(0,P_t)$ 分布的高斯白噪声。

其次，建立机器人的观测模型。本假定环境中共有 N 个特征点，不妨将第 n 个特征点的位置记为 θ_n，t 时刻机器人对该特征点的观测为 y_t^n，考虑到机器人传感器观测误差的存在，则机器人对环境特征的观测模型表示为：

$$p(y_t^n \mid \theta_n,s_t)=g(\theta_n,s_t)+\varepsilon_{g,t} \tag{10-2}$$

式中，$g(\theta_n,s_t)$ 表示理想观测方程；$\varepsilon_{g,t}$ 为服从 $N(0,R_t)$ 分布的高斯白噪声。则从初始时刻到 t 时刻，机器人对环境中 N 个环境特征点的观测可用 $y^{t,N}=\{y_i^n\}_{i=1,\cdots,t;n=1,\cdots,N}$ 表示。

然后，建立传感器网络节点对环境特征点的观测模型。本文假定传感器网络由 M 个传感器节点构成，不妨将第 m 个节点在世界坐标系下的位姿参数记为 ψ_m，t 时

刻其对 θ_n 的观测记为 $x_{t,n}^m$，考虑到传感器网络节点观测误差的存在，ψ_m 对环境特征点的观测模型可表示为：

$$p(x_{t,n}^m \mid \theta_n, \psi_m) = d(\theta_n, \psi_m) + \varepsilon_{d,t} \tag{10-3}$$

式中，$d(\theta_n, \psi_m)$ 表示理想观测方程；$\varepsilon_{d,t}$ 为满足 $N(0, T_t)$ 分布的高斯白噪声。则 t 时刻 M 个传感器网络节点对 N 个环境特征点的观测用 $x_t^{M,N} = \{x_{t,n}^m\}_{m=1,\cdots,M;n=1,\cdots,N}$ 表示；从初始时刻到 t 时刻，M 个节点对 N 个特征点的观测用 $x^{t,M,N} = \{x_i^{M,N}\}_{i=1,\cdots,t;}$ 表示.

最后，建立传感器网络对机器人的观测模型. 考虑以家庭服务机器人作为传感器网络的观测对象，机器人的状态包括位置和朝向角度信息，该状态往往可由机器人自身携带的某种标识，如标识色块来表征。不失一般性，假定 z_t^m 为传感器节点 ψ_m 对机器人状态 s_t 的观测，考虑到观测误差的存在，ψ_m 对机器人的观测模型表示为：

$$p(z_t^m \mid s_t, \psi_m) = f(s_t, \psi_m) + \varepsilon_{f,t} \tag{10-4}$$

式中，$f(s_t, \psi_m)$ 为理想的观测方程；$\varepsilon_{f,t}$ 为服从 $N(0, Q_t)$ 分布的高斯白噪声。则从初始时刻到 t 时刻，M 个传感器网络节点对机器人运动路径的观测用 $z^{t,M} = \{z_i^m\}_{i=1,\cdots,t;m=1,\cdots,M}$ 表示。

为描述方便，不妨假定在某一时刻机器人仅观测到第 n 个环境特征点，该假设可容易地扩展到多个观测的情形，不影响对问题的讨论。同样道理，假定某一时刻仅有第 m 个传感器节点能观测到机器人和第 n 个环境特征点。

10.4　GARL-DQN 泛化模型建模

本章将生成对抗思想和模型泛化思想与基于值函数的 DQN 强化学习算法相结合形成 GARL-DQN 算法，旨在提高推动与抓取动作之间的协同性，实现二者的零和博弈。其中，将推动网络作为生成器，不断优化网络使得推动后的状态达到抓取阈值；同时，将抓取网络作为判别器，不断优化网络以提高抓取阈值的准确率，即采取尽可能少的推动动作辅助抓取，减少平均移动次数。将当前时刻状态进行特征提取之前，该算法将其送入随机网络中进行轻微扰动以提高强化学习算法的泛化能力。

模型泛化与迁移学习密切相关，用于从源任务转移知识来提高目标任务的性能。然而，强化学习与监督学习不同的是，将源任务上预先训练的模型进行微调以适应目标任务往往是无益的。因此，本小节构建了一种随机卷积网络（Random Layer）来增强网络泛化能力。

本章在动作网络算法之前引入一个随机网络 f 提取特征。将其先验参数初始化为 φ，初始状态不是传统的 s_0，而是训练强化模型使用一个随机的输入状态 $\hat{s}_0 = f(s_0;\varphi)$，即将视觉特征提取网路生成的功用性图输入到一个卷积神经网络（CNN）中，然后用 CNN 给出的特征作为后续强化学习算法的输入，同时保证输入与输出特征维度相同。在每一轮迭代之后，该网络都会重新初始化卷积神经网络的权重，从而使得网络可以在有噪声的特征空间上学习。网络参数的选取由式（10-5）中的混合分布表示：

$$P(\varphi) = \alpha \cup (\varphi = I) + (1-\alpha) N\left(0;\sqrt{\frac{2}{n_{in}+n_{out}}}\right) \tag{10-5}$$

式中，I 为卷积核；$\alpha \in [0,1]$ 为常数；n_{in} 与 n_{out} 为输入输出维度；N 表示正态分布。

机器人抓取任务的目标是获得一个最优动作价值函数（Action Value function），通过最小化 TD 损失目标函数来优化价值网络 Q 的参数 θ，将随机化后的当前时刻状态与下一时刻状态分别表示为 $\hat{s}_t = f(s_t;\varphi)$，$\hat{s}_{t+1} = f(s_{t+1};\varphi)$，可得损失函数计算公式如式（10-6）所示：

$$\begin{aligned} L_{value}^{random}(\theta_t) = \ & E_{(s_t,a_t,r_t,s_{t+1},g)\sim B}\Big[\frac{1}{2}(R(\hat{s}_{t+1}) + \\ & \gamma \max_{a_{t+1}} Q_{target}(\hat{s}_{t+1},a_{t+1};\theta_{t-1}) - Q_{predict}(\hat{s}_t,a_t;\theta_t))^2\Big] \end{aligned} \tag{10-6}$$

本章将不同时刻状态分布之间的特征匹配损失（Feature Matching Loss，FM）作为额外损失，用来限制值网络对于原始特征图以及随机化处理后的特征图采取的动作相似性，计算方式如式（10-7）所示：

$$L_{FM}^{random} = E_{(s_t,a_t,r_t,s_{t+1},g)\sim B}\left[\| Q(f(s_t;\varphi),a_t;\theta) - Q(s_t,a_t;\theta) \|^2\right] \tag{10-7}$$

将总损失定义为二者之和，其中 $\beta > 0$ 是超参数，计算公式如式（10-8）：

$$L^{random} = L_{value}^{random} + \beta L_{FM}^{random} \tag{10-8}$$

10.5 GARL-DQN 抓取网络建模

GARL-DQN 是一种利用深度强化学习思想实现机器人在杂乱场景中推动与抓

取技能的协同算法。在训练环境中，机器人通过 RGB-D 相机采集到当前时刻的图像状态信息，经过视觉特征提取网络与泛化卷积神经网络后保留特征，作为强化学习动作网络算法的输入。GARL-DQN 算法是异策略算法，将目标策略与行为策略分开训练，可以保证探索的同时求得全局最优解。

对于面向目标的抓取网络 ϕ_g 的训练，本章在训练场景中随机指定目标物体 g 并将抓取奖励表示为 R_g，R_g 的定义方式如下：

$$R_g=\begin{cases}1, & \text{成功抓取目标物体}\\0, & \text{未成功抓取目标物体}\end{cases} \tag{10-9}$$

抓取奖励 $R_g=0$ 的情况又分成两种：若机器人没有抓取到任何物体则认为是失败的回合，不存入经验池中；若机器人抓取到非目标物体（Non-goal Object）或者为移动遮挡物所做的抓取动作（见图 10-2），则基于“重新标记目标”策略来提高样本效率，将非目标物体重新标记为 g' 并将样本元组 (s_t,a_t,r_t,s_{t+1},g) 转换为 $(s_t,a_t,r'_t,s_{t+1},g')$ 存储到经验池中，其中 $r'_t=R(s_t,a_t,g')$。对于环境中的目标物体是否可以抓取的判断，经过足够次数的训练，该框架会将抓取 Q_g 值稳定在一个特定值 Q_g^* 上，以此作为抓取判定阈值。

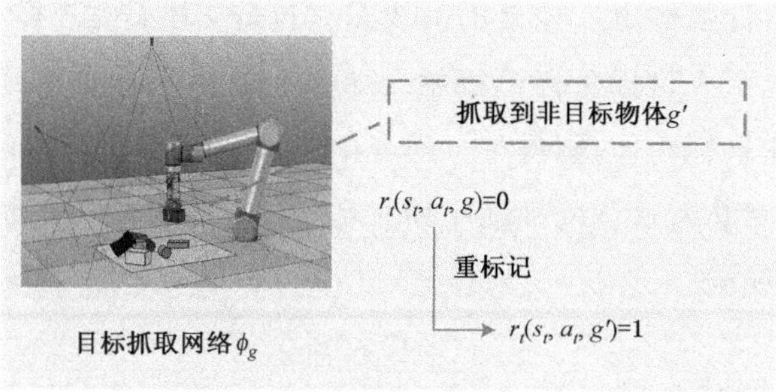

图 10-2　抓取网络目标重标记策略

10.6　GARL-DQN 推动网络建模

本章将推动动作作为抓取动作的辅助动作，前期使用推动动作减小目标物体周围的“空间占有率”。但在二者的协同作用下，本章的目标是尽可能地减少推动动作采取的次数，以减少机器人总运动次数。考虑到机器人推动与抓取之间的相互作用是复杂且耦合度较高的，故将基于目标的推动网络 ϕ_p 作为生成器，改变目标物体周围的物体位置使得动作价值函数 Q 值不断逼近抓取网络学习到的阈值 Q_g^*，再由抓取网络作为判别器来判断当前状态是否适合抓取。基于目标的推动网络的训练目标为：

$$\min_{\varphi_p} V(D_g, G_p) = E[\log(1 - D_g(G_p(\hat{s}_t, g)))] \tag{10-10}$$

$$\hat{s}_{t+1} = G_p(\hat{s}_t, g) = T(\hat{s}_t, \arg\max_{a_t} \phi_p(\hat{s}_t, a_t, g)) \tag{10-11}$$

$$D_g(\hat{s}_t) = \begin{cases} 1, & \eta > 0 \\ -\eta, & \eta < 0 \end{cases} \tag{10-12}$$

$$\eta = \max_{a_t} \phi_g(\hat{s}_t, a_t, g) - Q_g^* \tag{10-13}$$

式中，T 为状态转移函数，即 $\hat{s}_{t+1} = T(\hat{s}_t, a_t)$。从以上公式可以看出，每次推动动作的目标是使得目标物体的抓取 Q 值最大化以达到阈值 Q_g^*。基于以上分析，本章将推动奖励函数设置为：

$$R_p = \begin{cases} 0.5, & Q_g^{improved} > 0.1 \text{ 并检测到环境变化} \\ -0.5, & \text{环境未变化} \\ 0, & \text{其他情况} \end{cases} \tag{10-14}$$

式中，$Q_g^{improved} = Q_g^{after\ pushing} - Q_g^{befor\ pushing}$，检测到环境变化是指目标物体周围环境发生变化，并且目标物体的空间占有率 $o_g^{decreased} > 0.1$，$o_g^{decreased}$ 表示由高度图计算的目标物体周围其他非目标物体占有像素的减少量。同时，为了提高样本利用率，在推动网络训练的同时也引入目标重标记机制。如果在目标物体被其他物体遮挡的情况下机器人抓取了非目标物体，则将整个回合中一系列推动动作的目标设置为被抓取的物体，这样设置意味着这样的推动序列有利于该非目标物体的抓取。目标推动网络建模如图 10-3 所示。

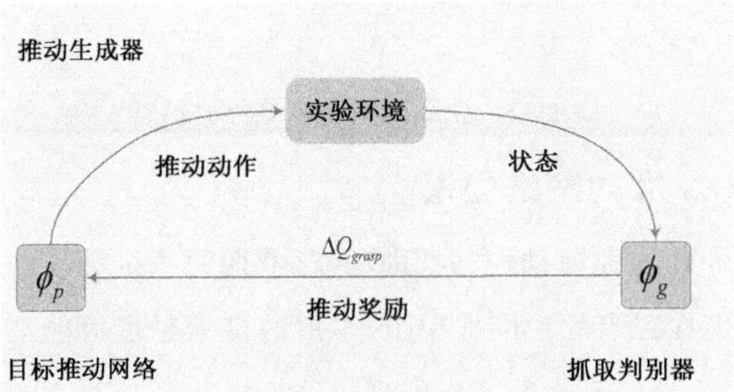

图 10-3　目标推动网络建模

10.7 GARL-DQN 生成对抗网络建模

本小节给出抓取网络 ϕ_g 与推动网络 ϕ_p 之间的生成对抗网络模型，使得该算法可以更好地拟合出机器人的动作决策参数，学习到最优推动与抓取位置参数 $p(x,y,z)$ 与角度参数 ω 。利用两个网络之间的零和博弈，将目标设置为一个状态的收益分布而不是收益的均值，将平均回报向量转化为回报分布函数。将动作价值函数 $Q_\pi(\hat{s},a)$ 表示为 $Z_\pi(\hat{s},a)$ 随机变量，将期望值与期望分布之间的关系表示为 $Q_\pi(\hat{s},a)=E(Z_\pi(\hat{s},a))$ ，将定义在分布上的贝尔曼算子表示为 f^π ，最终得到贝尔曼方程为：

$$f^\pi Z_\pi(\hat{s},a)=R(\hat{s},a)+\gamma Z_\pi(S',A') \tag{10-15}$$

$$Z_\pi(\hat{s},a)=R(\hat{s},a)+\gamma Z_\pi(S',A'),\ \forall\hat{s}\in S\ \ \forall a\in A \tag{10-16}$$

生成器即推动网络 $PN:Z\rightarrow X$ 为一种映射，从高维噪声空间 $Z=\mathbf{R}^{d_z}$ 找到状态特征并转化为一个输入状态空间 X 且目标分布 f_X 定义在状态空间 X 上，任务为拟合观测数据与 f_X 之间的潜在分布。

$$f_X(x)=r(\hat{s},a)+\gamma\max_a G(z\mid(\hat{s}',a)) \tag{10-17}$$

判别器即抓取网络 $\mathrm{GN}:X\rightarrow\{0,1\}$ 为该时刻输入的状态打分，以此来判断当前状态来自真实数据分布 f_X 或者是生成器 PN，在本章为对当前状态是否达到抓取标准进行打分。两个网络交替梯度下降来更新参数。

我们的目标为最小化输出与真实分布之间的距离。推动网络(PN)的目标为产生最优状态-动作值分布的现实样本，即 $Z_\pi(\hat{s},a)$的估计值。另一方面，抓取网络(GN)旨在将真实样本 $f(Z(\hat{s},a))$与从推动网络输出的样本 $Z(\hat{s},a)$进行对比判断当前时刻状态能否抓取。在每个时间步长中，推动网络接收当前时刻状态 $\hat{s}$ 作为输入，在对分布 $Z(\hat{s},a$ 的当前估计中的每个动作返回一个样本 $PN(z\mid((\hat{s},a))$，选取最优动作 $a^*=\max_a PN(z\mid(\hat{s},a))$ 。然后，机器人应用所选择的动作，接收回报并转换到状态 $\hat{s}'$。元组$(\hat{s},a,r,\hat{s}')$被保存到在经验回放池 B 中。每次更新时从缓冲器中均匀地采样一个元组$(\hat{s},a,r,\hat{s}')$，并根据公式更新抓取网络和判别网络。

$$\min_{PN}\max_{GN}\underset{x-f_x(x)}{E}[GN(x)]+\underset{x-PN(z)}{E}[-GN(x)] \tag{10-18}$$

将 $x=r+\gamma_{\max_a}G(z\mid(s',a))$计算值定义为真实分布。鉴别网络 GN 的目标是区分上述真实分布值与生成网络 PN 所产生的输出之间的差异，即判断当前状态是否适合抓取。目标函数为：

$$L(\omega_{GN},\omega_{PN})=\begin{cases}\underset{(\hat{s},a,r,\hat{s}')-B}{E}[GN_{\omega_{GN}}(x\mid(\hat{s},a))]-\underset{\substack{(\hat{s},a)-B\\X-PN_{\omega PN}(z\mid\hat{s},a))\\z-N(0,1)}}{E}[GN_{\omega_{GN}}(X\mid(\hat{s},a))]\\ \underset{\substack{(\hat{s},a)-B\\X-PN_{\omega PN}(z\mid\hat{s},a))\\z-N(0,1)}}{E}[-GN_{\omega_{GN}}(X\mid(\hat{s},a))]\end{cases}\tag{10-19}$$

式中，ω_{GN}，ω_{PN} 是抓取判别网络与推动生成网络的权重，分别根据 $\omega^{t+1}\leftarrow\omega^{(t)}-\alpha_t\nabla_{\omega^{(t)}}L(\omega^{(t)})$ 更新。

本章从推动网络与抓取网络之间的零和博弈展现 GAN 思想在传统强化学习算法 DQN 上的运用，并在算法中加入模型泛化思想。表 10-1 中展示了 GARL-DQN 操作技能学习伪代码算法流程。

表 10-1　GARL-DQN 操作技能学习伪代码算法流程

输入：MDP 回合次数 M，Discriminator 网络 Grasp-Net(GN)和更新次数 n_g，Generator 网络 Push-Net(PN)和更新次数 n_p，学习率 α，梯度惩罚系数 λ，批量大小 m，先验分布 $P(\varphi)$。
输出：执行动作 a_t，Q^*_{t+1}
初始化容量为 N 的经验池 B，GN、PN 网络参数，初始分布 Z，初始状态 $\hat{s}_0$ 及动作 a_0。
$t\leftarrow 0$
For episode $=1$to M do
从先验分布 $P(\varphi)$ 抽取随机网络参数 φ
For time $=1$to$T_{\max}$ do
采样 $z\sim N(0,1)$
$a_t\leftarrow\max\limits_a PN(z\mid(\hat{s}_t,a))$
采样 $\hat{s}_{t+1}\sim P(\cdot\mid(\hat{s}_t,a_t))$
将样本元组 $(\hat{s}_t,a_t,r_t,\hat{s}_{t+1},g)$ 放在经验池 B 中

续表

{更新 Discriminator 网络 Grasp-Net (GN)}
For step = 1 to n_g do
在经验池 B 中进行最小批次采样$\{\hat{s},a,\hat{s}',g\}_{i=1}^{m}$
采样$\{z\}_{i=1}^{m}\sim N(0,1)$
定义 $y=\begin{cases} r_i, & \hat{s}'\text{为结束状态} \\ r_t+\gamma\max\limits_{a_i}PN(z_i\mid(\hat{s}'_i,a_i)), & \text{其他情况}\end{cases}$
随机抽取一批样本$\{\varepsilon\}_{i=1}^{m}\sim N(0,1)$
$\tilde{x}\leftarrow\varepsilon_i y_i+(1-\varepsilon_i)\max PN(z_i\mid(\hat{s}'_i,a_i))$
$L^{(i)}\leftarrow GN(PN(z_i\mid(\hat{s}_i,a_i^*))\mid(\hat{s}_i,a_i^*))-GN(y_i\mid(\hat{s}_i,a_i^*))+\lambda(\mid\nabla_{\tilde{x}}GN(\tilde{x}_i\mid\hat{s}_i,a_i^*))\mid-1^2$
$w_{GN}\leftarrow Adam(-\nabla_{w_{GN}}\frac{1}{m}\sum_{i=1}^{m}L^{(i)},a)$
在时间步长 T 内更新动作价值网络 $Q(f(s_t;\varphi),a;\theta)$
计算置信度 Q 值 $Q_{t+1}^{*}=R_{a_t}(s_t,s_{t+1})+\gamma\max\limits_{a}(s_{t+1},a;\omega)$
计算误差期望值
End For
{更新 Generator 网络 Push-Net(PN)}
For step = 1 to n_p do
采样$\{z^{(i)}\}_{i=1}^{m}\sim N(0,1)$
$w_{PN}\leftarrow Adam\left(-\nabla_{w_{PN}}\frac{1}{m}\sum_{i=1}^{m}L^{(i)},a\right)$
在时间步长 T 内更新动作价值网络 $Q(f(s_t;\phi),a_t;\theta)$
计算误差期望值
End For
优化关于 θ 的损失函数 $L^{random}=L_{value}^{random}+\beta L_{FM}^{random}$
End For
End For

10.8 实验

10.8.1 实验环境搭建

本章在仿真平台 V-REP 3.5.0 中搭建了训练与测试场景，用于模拟机器人在随机环境中对于目标物体的抓取。该软件内部逆运动学模块可模拟真实场景中机械臂的运动路径,同时还具备重力等物理引擎可用于模拟真实物体属性。使用RGB-D相机采集工作空间的状态信息,可根据每个像素点的深度值快速转化为点云信息用于3D感知。图10-4展示了搭建的仿真环境场景。

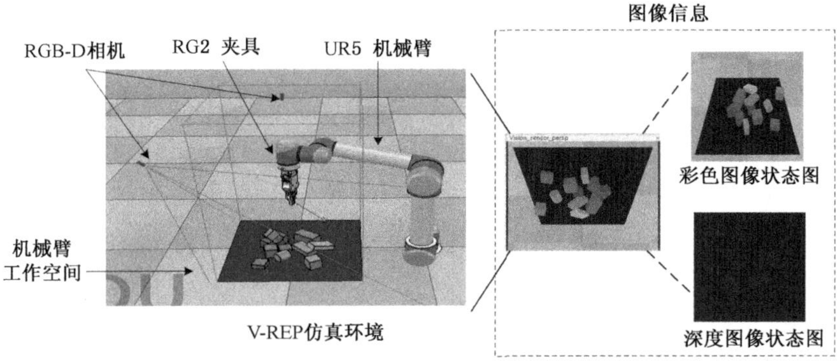

图 10-4 仿真环境场景

本章的仿真环境使用与物理机械臂属性相同的UR5机械臂以及RG2夹具模拟二指抓取器,其夹爪张开可以实现抓取,夹爪闭合可以推动物体,使用在正上方以及侧上方45°的RGB-D相机进行图像采集得到大小为640×480的图像状态信息。

本章的配置环境为2.60GHz Inter Core i5-11400和GeForce GTX TITAN X GPU,操作系统为Ubuntu18.04LTS,V-REP版本为3.5.0教育版,采用0.4版本PyTorch框架来训练网络模型。

将该算法与以下基线方法在平均抓取成功率角度进行比较:

RAND:是一种无需任何学习即对目标物体进行随机抓取的方法。

Grasp-Only:是一种贪婪的确定性抓取策略,它使用单个FCN网络进行抓取,该网络使用二分类(来自试错)的监督。在此策略下的机器人仅执行抓取动作。

VPG-Target[17]:通过添加目标掩码作为输入来学习面向目标的推动与抓取策略,VPG是一种使用并行结构作为目标不可知任务预测推动与抓取的功用性图的方法,将在目标掩码中以最大Q值执行推动或抓取动作。

GIT[18]:是一种面向目标的方法,根据二元分类器来选择推动或抓取动作,并应用DQN来训练推动与抓取策略,使用一种分割机制来检测目标是否可见,以便在探索与协调之间进行转换,也就是说,如果目标是不可见的,机器人会执行推动动作来进行探索，当目标可见时，推动将与抓取协同来实现抓取。

10.8.2　训练实验

本章中设计了一系列的实验来验证算法的有效性，实验的目的是验证推动与抓取操作之间的协同性，即提高推动动作的效率。在训练过程中，工作空间中被随机初始化为 m 个随机目标块和 n 个不同形状的基本块（灰色物体块），其中目标块的形状与颜色随机给出，在训练前 1 000 回合中，基本块的个数为 3，后 1 500 回合训练中个数为 8。某一时刻的实验场景如前图 10-4 所示。

10.8.3　训练实验结果分析

训练阶段将机器人执行动作的最大阈值设置为 30，即当动作数超过阈值或所有目标物体均被成功抓取时重置环境，计算在每 50 次迭代中的平均成功抓取率。该过程中目标物体被随机指定，使用不同算法训练 2 500 次后绘制训练性能曲线如图 10-5 所示。

从图 10-5 中可以看出，本章的方法在训练阶段的平均抓取成功率是优于其他基线的。RAND 面对目标抓取任务时忽略环境而采取随机策略选择动作，使得该算法抓取成功率极低。Grasp-Only 算法即使能够完成任务，但没有采取辅助抓取动作，忽略了杂乱环境对目标掩码的影响进而导致抓取成功率较低。增加目标的 VPG 方法采用 DQN 强化学习训练推动动作改变环境结构，从而使目标更好地暴露在工作空间中便于视觉感知，实现对目标的抓取操作。但 VPG-Target 对推动动作的训练效率比较低，仅为了改变环境结构而去推动，没有考虑推抓之间的协同，故抓取成功率在 60%左右。GIT 使用简单的二分类器对动作进行拟合预测提高动作协同效率，同时简化协同训练网络，使得训练耗时有所减少，抓取成功率在 60%～70%之间。

本章使用基于 GARL-DQN 的深度强化学习算法，在传统的 DQN 算法框架的基础上引入生成对抗思想，将推动网络作为生成器，而抓取网络作为判别器来评判推动动作的好坏，相较于其他基线方法可以更好地训练推动动作与抓取动作之间的协同，进而提高了抓取成功率，使其稳定在 90%左右。

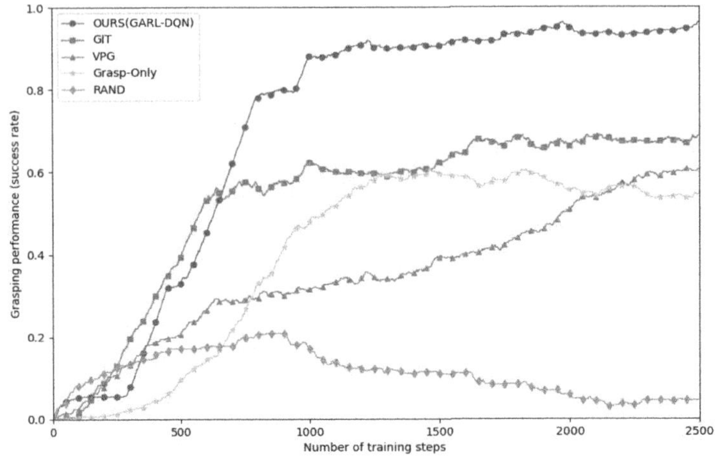

图 10-5　训练阶段抓取成功率对比

10.8.4　测试实验

为了验证本章算法的有效性，本章与 RAND、Grasping-only、VPG、GIT4 种方法进行对比，主要设计了两种实验场景：一种场景是规则物体块堆积的杂乱场景，场景中目标物体被其他基本块紧紧包围，其物体块与机器人训练时相同，用于验证推动与抓取之间的协同效率；另一种场景是日常工具场景物体堆积的杂乱场景，该场景中的物体为机器人训练过程中从未见过的物体，用于验证本章算法的迁移性。

1. 规则物体块场景下的算法效率验证

本章为了验证算法在规则物体块被紧紧包围的场景中的推动与抓取之间的协同效率，设计了 8 个不同形状目标物体的抓取实验案例，每个测试案例设置一个带颜色的目标物体。机器人通过动作集合 $a=\{a_p, a_g\}$ 执行有限次动作，a_p 为推动动作，通过改变环境为抓取动作 a_g 提供足够空间，对于其他对比方法也使用同样的测试场景，8 种测试案例如图 10-6 所示。

对于每个测试案例设置 30 轮实验，若机器人在 5 次内实现了对目标物体的成功抓取，则记为一轮成功的抓取案例。将抓取成功率定义为 $\frac{n_{success}}{n_{total}}$，将平均移动次数定义为 $\frac{\sum_{1}^{n}(\text{推抓})\text{成功次数}}{n(\text{重复实验次数})}$，本章算法旨在保证抓取成功率的同时，减少平均移动次数。实验结果对比如图 10-7 和图 10-8 所示。

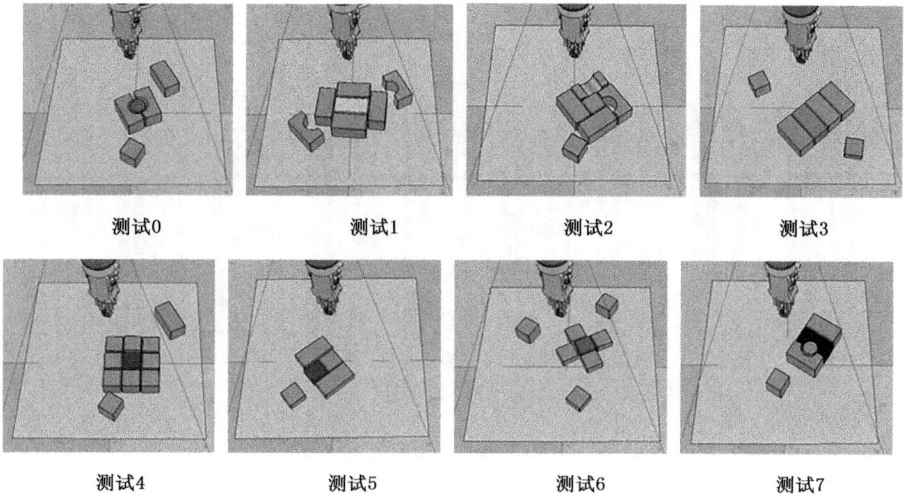

图 10-6　规则物体块的 8 种测试案例

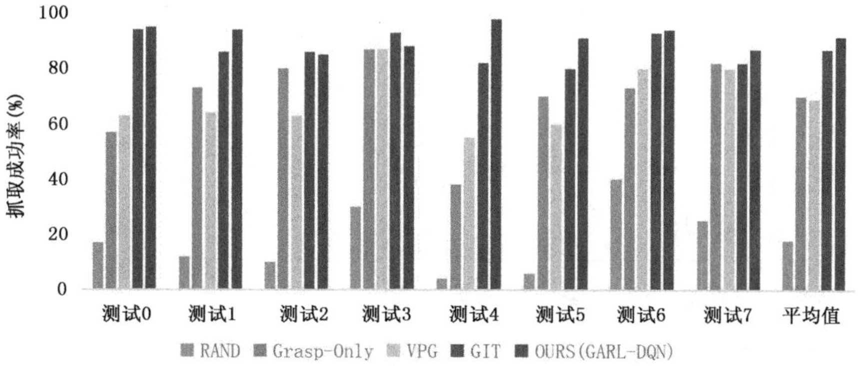

图 10-7　测试阶段抓取成功率对比

图 10-7 与图 10-8 分别展示了本方法和其他 4 种方法在 8 种不同的测试场景中的表现，由于每个测试场景中目标物体分布不同，故本章的改进方法表现略显不同，表 10-2 中展示了在机器人推抓规则物体块场景下，本章方法与其他 4 种方法的平均抓取成功率与平均运动次数的对比结果。

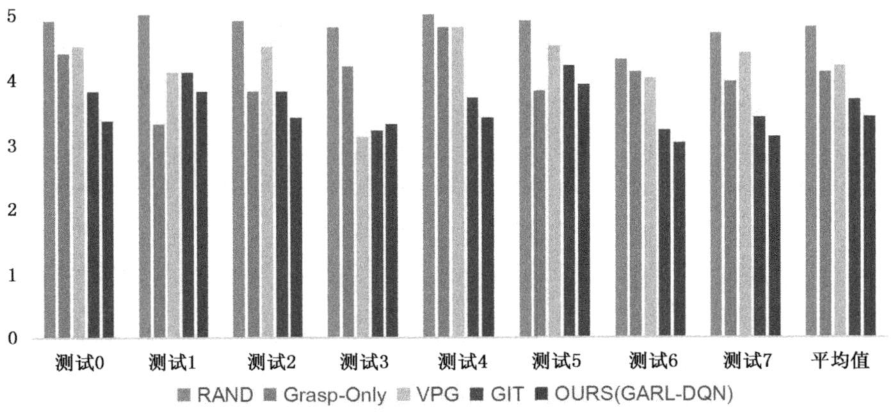

图 10-8　平均移动次数对比图

表 10-2　规则物体块案例平均表现

方法	平均成功率/%	平均运动次数/次
RAND	17.5	4.775±0.60
Grasping-only	35.0	4.325±0.98
VPG	70.0	4.025±0.83
GIT	87.5	3.675±0.90
OURS(GARL-DQN)	91.5	3.406±0.50

2. 日常工具场景下的模型泛化能力验证

除了验证本章算法在推动与抓取动作之间的协同性，本章还设置训练过程中从未见过的新型对象构成的 4 个测试场景，以测试本章方法在不同测试集上的泛化性。每个测试场景中都包含不同高度和形状更复杂的对象，机器人通过有限次的推动与抓取动作实现对目标物体的成功抓取。4 种测试案例如图 10-9 所示，场景中的物体被依次设置为目标物体，利用在训练阶段训练好的模型直接应用于测试场景，计算抓取所有物体使用的平均移动次数来作为对比指标来验证算法的泛化能力。表 10-3 中展示了在机器人推抓日常工具场景下，本章方法与其他 4 种方法的平均抓取成功率与平均运动次数的对比结果。

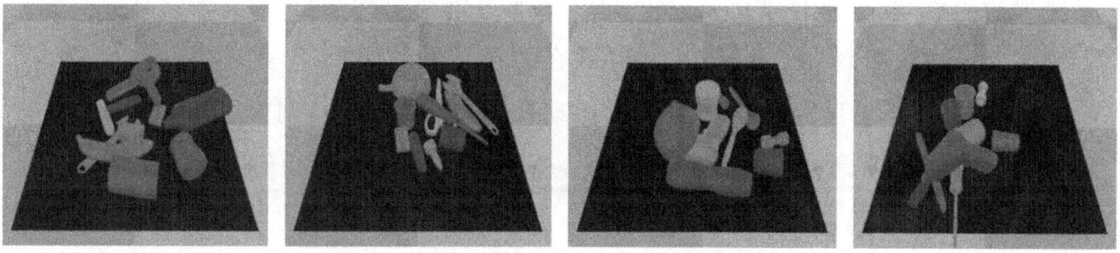

图 10-9 日常工具的 4 种测试案例

表 10-3 日常工具案例平均表现

方法	平均成功率/%	平均运动次数/次
RAND	15.5	15.14
Grasping-only	34.2	12.63
VPG	52.4	10.81
GIT	61.3	9.85
OURS(GARL-DQN)	85.2	8.60

10.8.5 测试实验结果分析

由规则物体块场景构建的 8 种测试场景模拟了真实世界中目标物体被紧紧包围的场景，此时由于没有足够的空间用于机械手抓取，故可以检验 GARL-DQN 算法中推动与抓取之间的效果。表 10-2 展示了 8 个测试案例的表现情况，对于 RAND 和 Grasping-only 方法在每个测试案例中都具有较高的运动次数和较低的任务成功率，抓取成功率在 10%～35%，但运动次数在 4.3 以上。有目标的 VPG 方法对于每个测试案例都有不同的表现，可以体现出来推动动作对抓取动作的影响，减少了一定的运动次数，抓取成功率在 60%～75%，运动次数在 4.0 左右。GIT 采用二分类器来训练动作之间的协同作用，每个测试案例的抓取成功率都有提高，同时减少了运动次数，抓取成功率在 85%以上，运动次数在 3.6 左右。而本章采取基于生成对抗网络的 GARL-DQN 训练框架，以 3.4 次的平均运动次数实现了 91.5%的抓取成功率，性能达到最优。

表 10-3 中显示，本章方法在抓取成功率及平均移动次数维度都优于其他对比方法。RAND 和 Grasping-only 两种方法策略的完成率很低，即使能够完成任务，其平均抓取成功率也保持在 15%～30%。虽然成功率较规则物体块场景降低较少，但

总体成功率较低，对于日常工具场景的泛化能力依然较弱。RADN随机选择动作，忽略了杂波环境对目标的影响，从而导致在面对目标运动时，出现过多的错误动作。Grasping-only对于目标物体仅采取抓取动作，虽然抓取动作对于目标周围的杂波环境有一定的改善，但其影响较小导致Grasping-only仅抓取动作的成功率比较低。增加目标的VPG方法仅依靠预测动作的Q值选择动作，不能有效判断目标所处的杂波状态，有较多的错误抓取动作和冗余的推动动作，导致测试案例的抓取成功率仅在50%左右，较规则物体块成功率有明显降低，原因在于其仅依赖DQN无法实现良好的算法迁移，当机器人面对新环境时，无法很好地将模型应用在新场景中，故导致抓取率降低。同时，平均运动次数将近11次，无法在一轮次中实现目标物体的全部抓取。GIT使用动作二分类器来协调机器人的推动与抓取动作，不再根据最大Q值进行动作选择，目标物体抓取的平均成功率达到了61%，平均运动次数为9.85。但其推动与抓取之间的协同性较差，易使得推动动作成为冗余动作。本章将DQN与生成对抗网络以及模型泛化思想结合起来形成GARL-DQN算法，较好地解决了推动与抓取之间的协同作用，使得平均运动次数减少到8.6次，基本在一个回合中抓取到所有目标物体。同时，引入随机网络使得模型泛化能力大大提高，在日常工具场景中的抓取成功率也可以达到85%以上，均优于其他算法。

10.9 本章小结

众所周知，在服务机器人共融式进化过程中，自主认知与操作杂乱场景下的工具是其必备的学习技能。本章将生成对抗网络和模型泛化思想与基于值函数的DQN强化学习算法相结合形成GARL-DQN算法，在实现了推抓之间协同的同时提高了强化学习模型的泛化能力。在训练阶段提高了推抓学习性能，在测试阶段提高了推抓成功率，减少平均运动次数，通过实验验证了所提出方法的有效性。

参考文献

[1] Wu P, Zhang Y, Li Y, et al. A Robot Pick and Place Skill Learning Method Based on Maximum Entropy and DDQN Algorithm[C]//Journal of Physics: Conference Series. IOP Publishing, 2022, 2203(1): 12-63.

[2] 吴培良，刘瑞军，毛秉毅，等. 一种基于生成对抗网络与模型泛化的机器人

推抓技能学习方法[J]. 仪器仪表学报,2022,43(7).

[3] Song C,Boularias A. Object rearrangement with nested nonprehensile manipulation actions[C]//2019 IEEE/RSJ International Conference on Intelligent Robots and Systems (IROS). IEEE,2019:6578-6585.

[4] Chen Y W,Ju Z J,Yang C G. Combining reinforcement learning and rule-based method to manipulate objects in clutter[C] //Proceedings of International Joint Conference on Neural Networks,IEEE,2020:1-6.

[5] Novkovic T,Pautrat R,Furrer F,et al. Object finding in cluttered scenes using interactive perception[C] //Proceedings of 2020 IEEE International Conference on Robotics and Automation,IEEE,2020:8338-8344.

[6] Kurenkov A,Taglic J,Kulkarni R,et al. Visuomotor mechanical search: Learning to retrieve target objects in clutter[C] //Proceedings of 2020 IEEE/RSJ International Conference on Intelligent Robots and Systems, IEEE, 2020: 8408-8414.

第 11 章 基于 Soft-DDQN 的工具抓取-放置技能学习

11.1 引言

机器人的抓取-放置 PAP(Pick-And-Place)技能是指机器人拾取目标并移动到指定位置,最后释放目标的一系列操作。PAP 技能自学习作为一种基本功能,在非结构化和不可预测的环境中发挥着重要作用。随着人工智能技术的快速发展,一些机器人学习方法已经被用于机器人 PAP 操作技能的自学习,一定程度弥补了传统方法的缺点,提高了机器人对环境的适应性。但如何有效地学习控制策略来实现机器人的自主操作仍然是一个很大的挑战[1]。

由于 PAP 问题的 NP-hard 特性,在非结构化的环境下学习周期很长。近年来,一些研究者逐渐开始将 PAP 视为一种自主决策问题。Tanwani 等人[2]提出了一种任务参数化的方案,使模型能够自主地适应操作过程中不断变化的环境。Pavlos 等人[3]提出了一个 PAP 任务的基准测试框架,该框架集成了智能体对象、易于复制的环境和对象放置的指导原则。

DQN 算法在选择动作时都是选择 Q 值最大的动作,但在训练的过程中,我们对价值函数的估算并不是准确的。因此如何在价值函数并不确定的情况下选出最优的动作是我们需要思考的问题,而最大熵思想则可以很好地解决这个问题。Tuomas Haarnoja 等人提出了 Soft-AC 算法[4],但在离散任务中,最大熵思想并没有具体应用。

受文献[5]的启发,我们提出了一种新的算法 Soft-DDQN,它将最大熵思想与 DDQN 算法结合,使机器人能够有效地学习 PAP 技能。本章给出了该算法的推导过程，并通过实验验证了基于 Soft-DDQN 的 PAP 的有效性[6]。

11.2　系统架构

本章将最大熵思想与基于值函数的 DDQN 强化学习算法相结合，提出一种机器人自监督学习方法 Soft-DDQN，并将其应用于机器人抓取与放置技能学习。首先，引入最大熵思想，将最大化收益与信息熵作为强化学习目标，提高智能体的探索性，加快了算法的训练效率。其次，将抓取与放置问题离散化建模，抽象为一个面向目标的马尔科夫决策过程(MDP)，智能体获取机器人环境状态，通过 Q 网络输出个动作的价值函数，并执行 Q 值最大的动作。基于 Soft-DDQN 的深度强化学习机器人抓取与放置技能框架如图 11-1 所示。

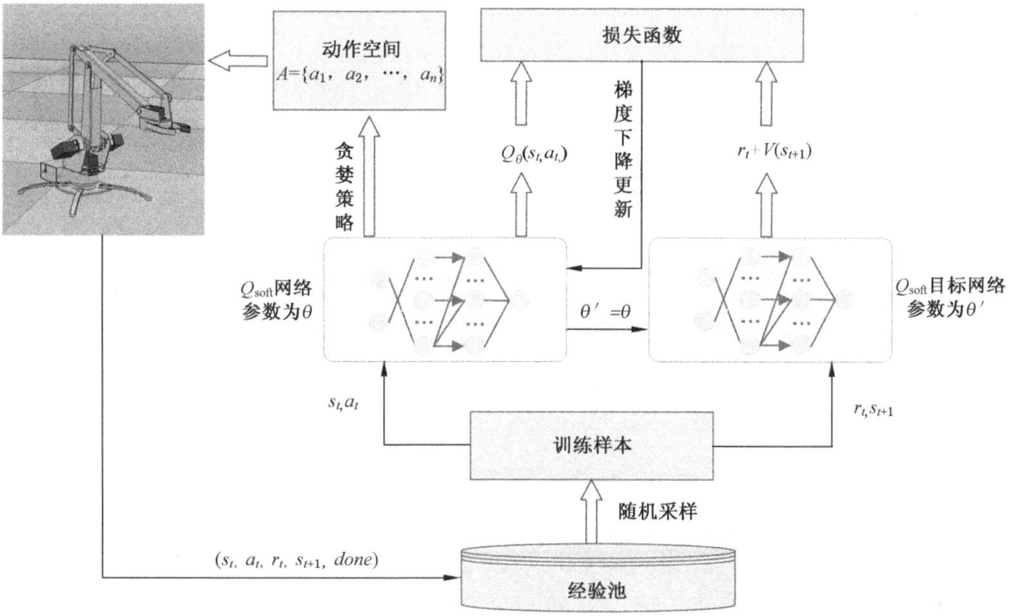

图 11-1　基于 Soft-DDQN 的深度强化学习机器人抓取与放置技能学习框架

11.3　Soft-DDQN 推导

为了解决 DQN 的过估计问题，DDQN 算法采用行为网络和目标网络两个网络。在 DDQN 算法中，先通过行为网络 Q 获得最大价值函数的动作 a，然后再通过目标网络 Q'获得动作 a 的动作价值函数。行为网络与目标网络的初始化参数是相同的，每经过固定的步数会把目标网络参数 θ'赋值给行为网络参数 θ。DDQN 目标网络的 TD 误差为 Q 值与目标 Q 值的均方误差：

$$L(\theta')=E[(r+\gamma Q'(S_{t+1},\max_{a}Q(S_{t+1},a;\theta);\theta')-Q'(S_t,A_t;\theta'))^2] \tag{11-1}$$

在传统的 DDQN 算法中，我们的目标是让 agent 学会一种策略 $\pi(a_t|s_t)$，使得累计期望收益最大，强化学习目标定义为：

$$\pi^*_{Std}=\operatorname{argmax}_{\pi}\sum\nolimits_t E_{(s_t,a_t)\sim\rho_\pi}[r(s_t,a_t)] \tag{11-2}$$

但在这样的目标下，agent 探索和泛化能力较差。为了解决这一问题，本章将最大熵思想引入到 DDQN 算法中，提出了 Soft-DDQN 算法。

Soft-DDQN 引入了熵的思想，即在收益的基础上加入一个熵正则化项，与 DDQN 算法只关注累计收益最大化的做法不同，Soft-DDQN 是最大化当前到未来所有状态下收益与熵的和，使得最优策略的目标是使 agent 在每个访问状态的收益和熵达到最大：

$$\pi^*_{MaxEnt}=\operatorname{argmax}_{\pi}\sum\nolimits_t E_{(s_t,a_t)\sim\rho_\pi}[r(s_t,a_t)+\alpha H(\pi(\cdot|s_t))] \tag{11-3}$$

式中，α 为温度项，用来确定熵的重要程度，α 越大，说明越重视熵，越鼓励 agent 采用更加多样化的策略，探索性也就越强。熵的定义为：

$$H(s_t)=-\int_{a_t}\pi(a_t|s_t)\log(\pi(a_t|s_t))\mathrm{d}a_t=E_{a_t\sim\pi}[-\log(\pi(a_t|s_t))] \tag{11-4}$$

在式(11-3)中提出了最大熵模型的优化目标，我们仍需选择一种随机策略的表达方式。在很多强化学习算法中随机策略采用的是离散多项式分布[7]或高斯分布[8]，但这些分布无法表示复杂的、多峰的分布，为此我们选择了一种基于能量函数的策略：

$$\pi(a_t|s_t)\propto\exp(\varepsilon(s_t,a_t)) \tag{11-5}$$

我们希望能量函数正比于动作价值函数，令 $\varepsilon(s_t,a_t)=\frac{1}{\alpha}Q_{Soft}(s_t,a_t)$，可以得到最优策略的表达方式：

$$\pi(a_t|s_t)\propto\exp(\frac{1}{\alpha}Q_{Soft}(s_t,a_t)) \tag{11-6}$$

在最优情形下，Q 函数定义如下：

$$Q^*_{Soft}(s_t,a_t)=r_t+E_{(s_{t+1},\cdots)\sim\rho_\pi}[\sum_{l=1}^{\infty}\gamma^l(r_{t+l}+\alpha H(\pi^*_{MaxEnt}(\cdot|s_{t+1})))] \tag{11-7}$$

结合式(11-6)可以得到 V 函数的定义：

$$V^*_{Soft}(s_t)=\alpha\log\int_{A}\exp\left(\frac{1}{\alpha}Q^*_{Soft}(s_t,a')\right)\mathrm{d}a' \tag{11-8}$$

这样我们就将基于能量的模型与最大熵目标结合起来，但我们仍需要一种方法来对 Q 函数与 V 函数进行更新，强化学习中的贝尔曼方程同样适用于最大熵模型：

$$Q_{Soft}^{*}(s_t, a_t) = r_t + E_{(s_{t+1}, \cdots) \sim \rho_\pi}[V_{Soft}^{*}(s_{t+1})] \tag{11-9}$$

现在我们有了新的学习目标 Soft-Q 的定义与迭代公式(11-9)，便可以把最大熵的模型与 DDQN 算法结合起来。将 DDQN 中的 Q 网络替换成 Soft Q 网络，构建一种基于最大熵模型的 DDQN 算法。

实现 Soft-DDQN 算法的关键是动作的选择和如何计算 Soft-Q 网络的 TD 误差。在选取动作时，通过式(11-6)可以计算出每个动作选择的概率，我们选择概率最大的动作。为了让智能体更加全面地探索环境，我们采用 ε 贪婪算法，即每次选择动作时有 ε 的概率随机在离散动作中选择一个动作：

$$A_t = \begin{cases} \max\limits_{a} \pi_{Soft}(S_t, a), \text{if}(random(0,1) \leqslant \varepsilon) \\ random(a), \text{else} \end{cases} \tag{11-10}$$

在更新 Soft-Q 网络时，我们需要计算 Soft-Q 网络的 TD 误差，计算方法与 DDQN 类似，为 Q_{Soft} 值与目标 $\hat{Q}_{Soft}$ 值的均方误差。其中，Q_{Soft} 为行为网络预测的 Q_{Soft} 值：

$$Q_{Soft} = Q_{Soft}^{\theta}(s_t, a_t) \tag{11-11}$$

DDQN 通过解耦目标 Q 值的动作选择和目标 Q 值的计算来改善 Q 值过估计的问题，但 DDQN 的本质仍是 max 操作。为了进一步解决过估计问题，我们提出了一种新的目标 Q 值计算方法：通过迭代公式(11-9)来计算目标 $\hat{Q}_{Soft}$ 值，结合式(11-8)得：

$$\hat{Q}_{Soft}^{\theta'}(s_t, a_t) = r_t + \gamma \left[\alpha \log \int_{A} \exp\left(\frac{1}{\alpha} Q_{Soft}^{\theta'}(s_{t+1}, a')\right)\right] \tag{11-12}$$

将式(11-11)与式(11-12)结合，便得到了 Soft-DDQN 的 TD 误差：

$$J_Q(\theta) = \frac{1}{2}(\hat{Q}_{Soft}^{\theta'}(s_t, a_t) - Q_{Soft}^{\theta}(s_t, a_t))^2 \tag{11-13}$$

11.4　PAP 空间离散化表示

通过 V-REP 仿真平台，如图 11-2 所示，我们构建了一个实验场景，来研究如何让机器人在指定的范围内更快地学会 PAP 技能。

（1）场景中设置了三个物体：带有坐标传感器的机械臂、机械臂要拾起的目标物体、放置目标物体的容器。

（2）场景中三个物体的坐标范围，坐标传感器用于感测物体的位置。

（3）设置位置、方向和机械臂关节配置，来满足 V-REP 场景对物体运动的要求。

要解决强化学习问题，关键是要将智能体从环境中分离出来，并定义其行为、状态和奖励。智能体是控制机械臂的实体，它实现学习算法，采取行动，感知状态，接受奖励。环境由机械臂、目标物体和容器组成，对智能体所采取的行为作出反应。

环境的状态空间包括：

（1）物体的位置：x，y，z 坐标（二维空间下没有 y 坐标）。

（2）机械臂抓手的转态：张开或合拢。

环境中有两种可能的动作：

（1）需要将机械臂抓手移动到特定位置的坐标。

（2）张开或合拢机械臂抓手。

为了将 PAP 空间离散化，我们将坐标范围分为数个立方体，立方体的边长可以通过代码修改（见图 11-3）。

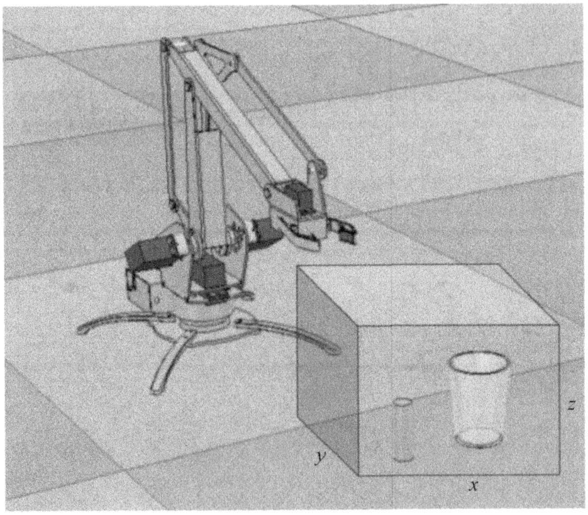

图 11-2　PAP 实验场景图

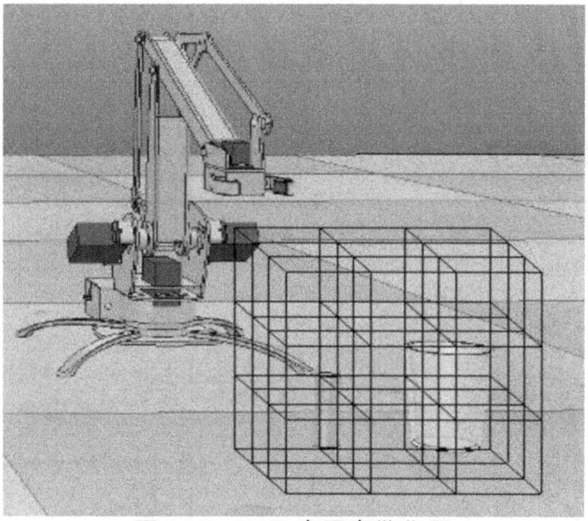

图 11-3　PAP 空间离散化图

11.5　基于 Soft-DDQN 的 PAP 技能自学习

在机械臂使用强化学习算法学习 PAP 技能的过程中，通过坐标传感器来获知目标物体和容器的位置，环境反馈的奖励值反映了动作的好坏程度。机械臂首先通过探索学会如何精准地拾取物体，然后再探索如何将拾取的物体放入目标容器中。机械臂学会 PAP 技能花费的时间越短，说明算法的效果越好。因此，本章研究 PAP 的目的是用最短的时间将目标物体拾起并将其放置到指定的容器中。基于 Soft-DDQN 的 PAP 技能自学习算法如表 11-1 所示。

表 11-1　基于 Soft-DDQN 的 PAP 技能自学习算法

1: Input: minibatch k, max-step T, replay size N, learning-rate lr, temperature α

2: $\theta' \leftarrow \theta \sim$ initialization distributions.

3: for each epoch do

4: for $t=1$ to T do

5: Observe S_t and choose $A_t = \max_a \pi_{Soft}(S_t, a)$

6: Observe $S_{t+1}, R_t, done$

7: Save the new experience $(S_t, A_t, R_t, S_{t+1}, done)$ in the replay memory

8: Sample a minibatch from the replay memory $\{(S_t^{(i)}, A_t^{(i)}, R_t^{(i)}, S_{t+1}^{(i)}, done^{(i)})\}_{i=0}^{k}$

9: update Q net:

$J_Q(\theta) = \frac{1}{2}(\hat{Q}_{Soft}^{\theta}(s_t, a_t) - Q_{Soft}^{\theta}(s_t, a_t))^2$

10: if t mod c then: $\theta' \leftarrow \theta$

11: end for

12: end for

11.6 实验与分析

11.6.1 实验任务

我们在实验中设置了两个任务：

(1) 将目标物拾起并移动到规定区域；

(2) 将目标物拾起并放置到规定容器中。

收益策略如表 11-2 所示。

表 11-2 收益策略设计

	条件	收益
1	环境达到无效状态	−10
2	机械臂碰倒目标物体	−10
3	机械臂移动了容器	−10
4	机械臂合拢抓手但没有抓住物体	−3
5	机械臂在抓住物体的情况下松开抓手，但没有将物体放入容器(任务 2)	−3
6	在一个回合中，机械臂第一次抓住物体	5
7	在一个回合中，机械臂第一次将物体移动到容器上方	5
8	完成任务	10
9	默认奖励	$-1-L$

注：L 为抓手与物体之间的距离。

为了使智能体更快地学会 PAP 技能，我们在加入默认奖励 −1 的同时，还加上了抓手与物体之间的距离 L，距离越远，获得的收益越低。

11.6.2 实验结果与分析

在现有的 PAP 技能自学习的方法中，选择可以用于离散环境的 Q-learning、DQN、DDQN、Dueling DDQN 算法与我们的 Soft-DDQN 算法进行比较。在二维空间和三维空间中分别对上述两个任务进行了实验，并从以下两个标准对实验结果进行比较：

(1) 训练所需回合，指完成训练所需要的回合数；

(2) 训练所需时间，指完成训练所需要花费的时间。

当 $\alpha=0.5$ 时，实验结果如表 11-3、表 11-4 所示。

表 11-3　二维空间下实验结果

	任务 1		任务 2	
	训练所需回合	训练所需时间/h	训练所需回合	训练所需时间/h
Q-learning	2 510	4.11	2 550	4.53
DQN	1 860	3.89	2 280	4.16
DDQN	520	1.36	875	2.24
Dueling-DDQN	675	1.72	1 110	2.85
Soft-DDQN	377	0.94	640	1.64

表 11-4　三维空间下实验结果

	任务 1		任务 2	
	训练回合	训练时间/h	训练回合	训练时间/h
Q-learning	2 860	3.35	3 370	6.11
DQN	2 450	3.16	2 790	5.78
DDQN	1 193	2.9	2 120	5.47
Dueling-DDQN	910	2.34	1 760	4.57
Soft-DDQN	780	1.9	1 370	3.51

通过表 11-3 和表 11-4 可以看出，无论是在二维环境还是三维环境下，Soft-DDQN 在两个任务中的表现都远好于其他算法。相对于 DDQN 算法，Soft-DDQN 算法在任务 1 上学习效率提高了 33%，任务 2 提高了 29%；相对于表格型的 Q-learning 算法，Soft-DDQN 算法在任务 1 上学习效率提高了 77%，任务 2 提高了 66%。

我们收集了三维环境下 DDQN、Dueling-DDQN、Soft-DDQN 算法 3 000 回合的详细数据，并从回合完成度、是否成功、收益三个方面进行了详细对比。

（1）回合完成度：将 PAP 任务分为若干子任务，每回合完成的子任务越多，完成度越高，全部完成时完成度为 1，如图 11-4 所示。

（2）回合结果：每回合是否完成 PAP 任务，完成为 1，如图 11-5 所示。

（3）回合收益：每回合获得的收益之和，如图 11-6 所示。

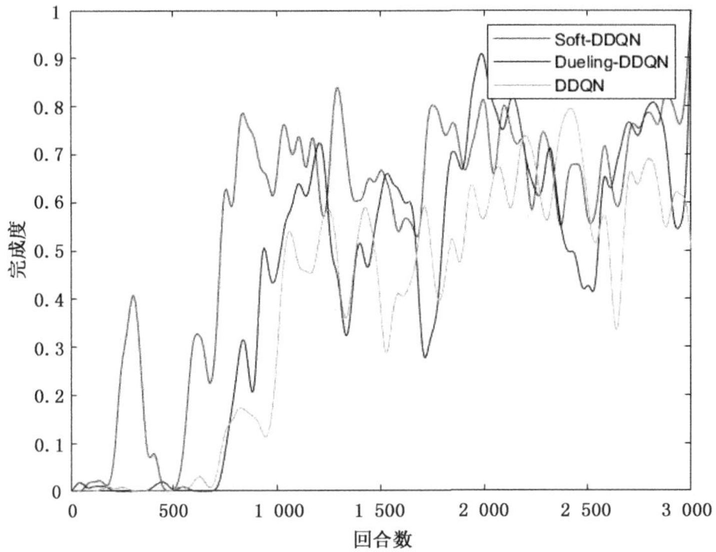

图 11-4　三种算法的每回合完成度曲线图

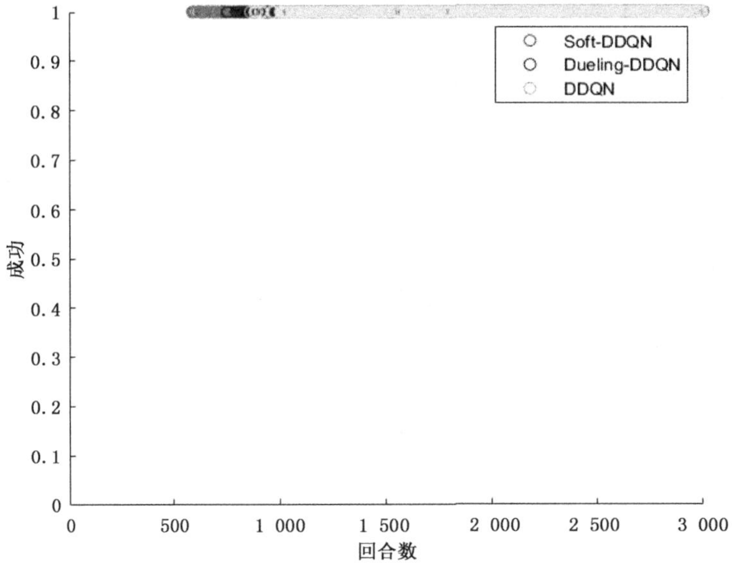

图 11-5　三种算法的每回合实验结果图

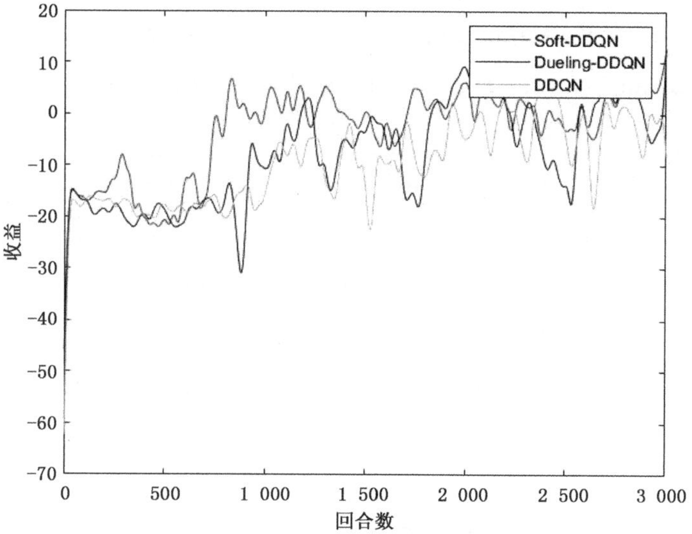

图 11-6　三种算法的每回合收益曲线图

可以看出，在 ε 相同的情况下，无论是子任务还是完整的 PAP 任务，Soft-DDQN 算法总是能够用最少的回合学会。在训练的过程中，我们对价值函数的估算并不是准确的。相对于最大化累计收益的 DQN 系列算法，Soft-DDQN 是最大化收益和熵，因此在价值函数并不确定的情况下，信息熵的加入可以让智能体有更强的探索性，更快地学会 PAP 任务。

11.7　本章小结

与传统的人工编程和教学模式相比，机器人的操作技能自学习可以赋予机器人一定的决策能力，更好地适应大量非结构化的工作场景。

本章主要研究了机器人 PAP 技能的自学习，提出了 Soft-DDQN 算法并应用于机器人的 PAP 操作。实验证明了基于 Soft-DDQN 算法的 PAP 技能自学习的有效性。

参考文献

[1] Zeng A, Song S R, Yu K T, et al. Robotic pick-and-place of novel objects in clutter with multi-affordance grasping and cross-domain image matching [C]// 2018 IEEE international conference on robotics and automation (ICRA). IEEE,

2018：3750-3757.

[2] Tanwani A K, Calinon S. Small-variance asymptotics for non-parametric online robot learning[J]. International Journal of Robotics Research, 2019, 38(1): 3-22.

[3] Pavlos T, Hussein M, Panagiotis S, et al. A benchmarking framework for systematic evaluation of robotic pick-and-place systems in an industrial grocery setting[C]//Proceedings of IEEE International Conference on Robotics and Automation(ICRA), IEEE, 2019: 6692-6698.

[4] Haarnoja T, Zhou A, Abbeel P, et al. Soft actor-critic: Off-policy maximum entropy deep reinforcement learning with a stochastic actor [C]//Proceedings of 35th International Conference on Machine Learning, International Machine Learning Society (IMLS), 2018:2976-2989.

[5] Haarnoja T, Tang H, Abbeel P, and et al. Reinforcement learning with deep energy-based policies[C]. In International Conference on Machine Learning (ICML), International Machine Learning Society (IMLS), 2017: 1352-1361.

[6] Wu P, Zhang Y, Li Y, et al. A Robot Pick and Place Skill Learning Method Based on Maximum Entropy and DDQN Algorithm[C]//Journal of Physics: Conference Series. IOP Publishing, 2022(1): 12-63.

[7] Sanghi N. Combining Policy Gradient and Q-Learning[M]//Deep Reinforcement Learning with Python. Apress, Berkeley, CA, 2021: 251-303.

[8] Konrad R, Marc T,Sethu V. On stochastic optimal control and reinforcement learning by approximate inference[J]. Robotics: Science and Systems, 2013, 8:353-360.

第 12 章　基于触觉感知的机器人开门技能学习

12.1　引言

在人类的感知中，触觉感知在丰富接触的任务中获取当地环境的信息是非常重要的。触觉反馈可以提供有关环境运动学和机械特性的补充信息，这是其他传感器（如视觉）无法提供的。在操作任务中，通过与物体接触，触觉反馈提供了有关物体的额外属性，如手部姿态、表面纹理和几何形状，通知用户在与物体进行物理交互时必须确保安全处理。虽然强化学习（Reinforcement Learning，RL）方法已被广泛应用于机器人操作中，但是主要是通过本体感知和视觉信息来进行模拟到真实的转换，在接触任务中将触觉传感纳入强化学习中还缺乏深入的研究。

目前，感知力的触觉传感器被应用在机器人开门技能上。基于触觉的机器人开门技能是指机器人通过自己的夹持器握住门把手并成功将门打开的一系列操作。文献[1]研究了开门操作涉及的语义特征表示方法，该方法利用语义 3D 关键点作为门把手表示，从运动规划器生成末端执行器轨迹。通过深度神经网络从原始视觉输入预测关键点表示，该神经网络可以提供手柄的简明语义描述，以确定抓取姿势和后续的运动规划。文献[2]提出了结合强化学习与智能控制算法的开门方法，为了加快学习速度，采用更结构化的搜索算法使得底层控制器沿着物理约束方向生成运动。韩帅[3]提出了一种触碰感知的开门方法，通过触碰门上的几个特征点得到门把手的位置，然后进行机械臂的轨迹规划，从而完成开门过程。李新茂[4]提出了一种非结构化环境下的机械臂自适应控制方法，该方法将强化学习算法与变阻抗控制相结合，在仿真环境下训练模型，然后将训练模型用于实体机器人实验，结果表明该方法在仿真环境下训练的模型可以直接在实体机器人上使用，并且旋拧效果较好。Wu 等人[5]在 Barrett 手上使用了嵌入式触觉传感器，并开发了一个闭环 RL 算法来优化机器人的抓取策略。实验结果表明，利用触觉信息可以提高抓取成功率。

在本章中，我们研究基于触觉的机器人开门技能学习，基于触觉的机器人开门技能自学习作为一种基本功能，在非结构化和不可预测的环境中发挥着重要作用。我们建立了触觉传感器的仿真模型，并加入触觉信息研究其对基于强化学习的机器人控制的影响。在实验中，我们证明了夹持器上触觉传感器阵列反馈的学习和控制，可以增强抓取稳定性，从而显著提高机器人在开门任务中的操作性能。

12.2 系统框架

基于触觉的机器人开门技能学习框架如图 12-1 所示。

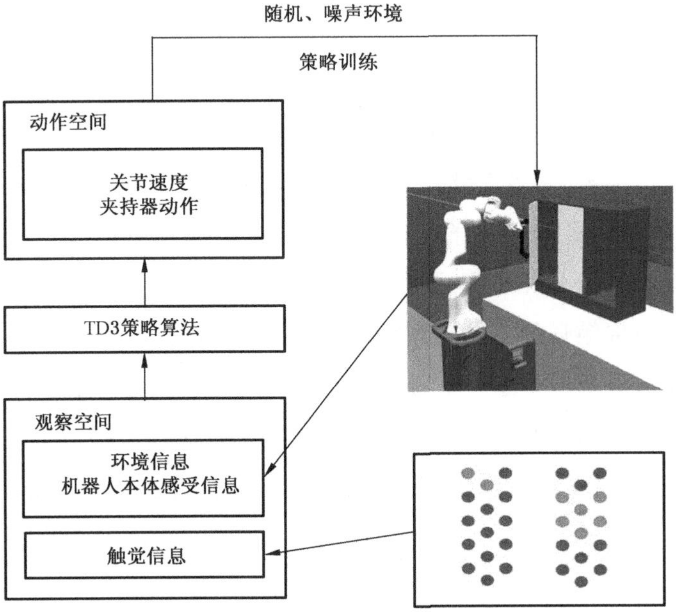

图 12-1　基于触觉的机器人开门技能学习模型

12.3 TD3 算法

12.3.1 强化学习

为了应用标准的 RL 方法，机器人学习环境被描述为马尔科夫决策过程(MDP)，它可以表示为(S,A,R,T,γ)。S 和 A 表示状态空间和动作空间，R 表示当前状态 $s\in S$ 下动作 $a\in A$ 的奖励函数 $R(s,a):S\times A\rightarrow\mathbb{R}$。从当前状态和动作

到下一个状态 $s'\in S$ 的状态转移概率函数为 $T(s' \mid s,a):S\times A\times S\rightarrow \mathbb{R}_+$。$\gamma\in(0,1)$是一个折扣奖励因子。对于具有确定性策略的情况下，智能体将遵循策略 π：$S\rightarrow A$，在给定当前状态 s 的情况下生成动作 $a=\pi(s)$，并且得到奖励 $r=R(s,a)$。RL 算法的目标是优化策略，使智能体的期望累积奖励最大化$\mathbb{E}_{\pi_\theta}[\sum_t \gamma^t r_t]$。

12.3.2 双延迟深度确定性策略梯度(TD3)

TD3 是深度确定性策略梯度(DDPG)的一个改进版本，通过结合附加技术，如剪裁双 Q 学习和延迟策略更新，解决了连续控制任务的函数近似误差。我们用带有神经网络参数 θ 的 $\pi_\theta(\cdot)$表示确定性策略。该策略的训练目标是：

$$\max_\theta J_\theta = \max_\theta \mathbb{E}_{\pi_\theta}[\sum_t \gamma^t r_t]$$

实际中常近似为$\max_\theta \mathbb{E}_{s\sim D}[Q_{\phi_1}(s,\pi_\theta(s))]$。TD3 中有两个以 ϕ_j 为参数的 Q 网络(以 $j=1,2$ 为索引)，其学习目标为：

$$L(\phi_j,D)=\mathbb{E}_{(s,a,s',r,d)\sim D}[(Q_{\phi_j}(s,a)-Q^T)^2],j=1,2 \tag{12-1}$$

$$Q^T=r(s,a)+\gamma(1-d)\min_{i=1,2}Q_{\phi_i}(s',\pi_\theta^T(s')+\epsilon) \tag{12-2}$$

式中，d 是表示轨迹结束的布尔值；π_θ^T 是目标策略；ϵ 是用于目标策略平滑的噪声项；D 是用于训练的存储在经验池中的数据集。

TD3 算法的伪代码如表 12-1 所示。

表 12-1　TD3 算法伪代码

步骤 1 初始化 Q 网络 Q_{ϕ_1}，Q_{ϕ_2} 和策略网络 π_θ 的参数 ϕ_1，ϕ_2，θ 的参数；
步骤 2 初始化目标 Q 网络和目标策略网络的参数：$\phi'_1\leftarrow\phi_1$，$\phi'_2\leftarrow\phi_2$，$\theta'\leftarrow\theta$；
步骤 3 初始化经验池 D；
步骤 4 对每个周期 episode，初始化状态 s，循环以下步骤：
①根据当前状态 s_t，选择动作并加入噪声：$a\sim\pi(s\|\theta)+\epsilon,\epsilon\sim N(0,\sigma)$；
②执行动作 a_t，得到奖励 r_t 和新状态 s_{t+1}；以元组形式(s_t,a_t,r_t,s_{t+1})保存到经验池 D 中；
③从经验池 D 中随机选取 m 个样本；
④通过价值目标网络计算动作的期望回报；
$\tilde{a}_t=\pi_{\theta'}(s_{t+1})+\epsilon',\epsilon'\sim \mathrm{clip}(N(0,\sigma),-c,c),c>0$
$y_t=r_t+\gamma\min Q_{\phi'_i}(s_{t+1},\tilde{a}_t)$
⑤更新 Q 网络参数：$\nabla_{\phi_i}J(\phi_i)=m^{-1}\sum_{t=1}^{m}\nabla_{\phi_i}(y_i-Q_{\phi_i}(s_t,a_t))^2$
⑥每隔 d 步，通过确定性策略梯度更新策略网络参数：
$\nabla_\theta J(\theta)=m^{-1}\sum_{t=1}^{m}\nabla_\theta Q_{\phi_1}(s_t,\pi_\theta(s_t))$
⑦更新目标网络参数：$\phi'_i=\tau\phi_i+(1-\tau)\phi'_i,i=1,2;\theta'=\tau\theta+(1-\tau)\theta',\tau\leqslant 1$
⑧结束此循环
步骤 5 直到本轮训练结束

基于 TD3 算法的马尔科夫决策过程如图 12-2 所示。

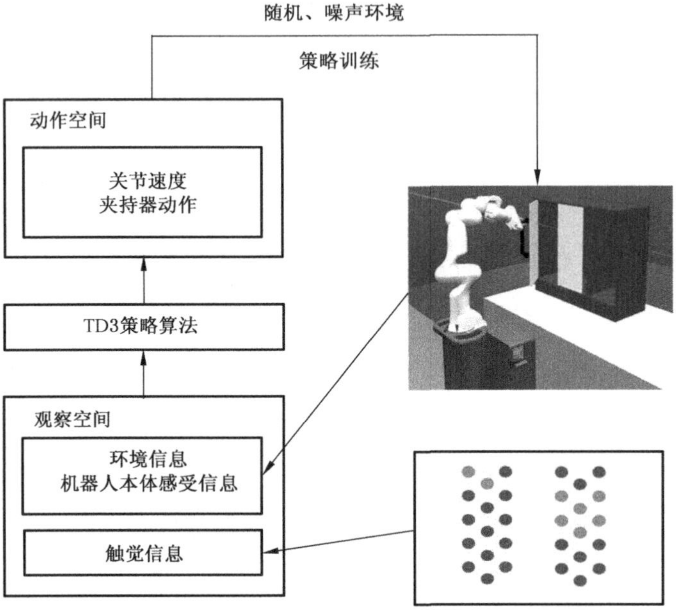

图 12-2　基于 TD3 算法的马尔科夫决策过程

12.4　基于触觉的机器人开门技能学习模型

我们建立一个 TD3 算法强化学习框架,并将触觉信息作为观察纳入 TD3 算法框架中,形成基于触觉的机器人开门技能学习框架。该框架包括观察空间、动作空间、奖励函数设置、策略学习设置以及仿真到真实的参数设置。

12.4.1　观察空间设置

在没有触觉信息的情况下,机器人在开门环境下的观察共包含 25 个维度,其中包含机器人本体感受信息,包括末端执行器位置、末端执行器速度、关节位置、关节速度、夹持器宽度等,以及环境信息,即门把手相对于末端执行器的位置和门铰链的角度。本章同时在观察空间纳入触觉信息,所以我们包括额外的 30 个二进制触觉值:$\{\hat{c}_i \mid i=1,2,\cdots,30\}$在观察空间。这些值中的每一个都使用阈值 κ 从触觉电信号转换成二值,公式如下:

$$\hat{c}_i=\begin{cases}1, & \text{if } c_i>\kappa, i=1,2,\cdots,30\\0, & \text{otherwise}\end{cases} \tag{12-3}$$

12.4.2　动作空间设置

动作空间有 8 个自由度。前 7 个自由度是控制 7 自由度机器人所需的关节速度，最后一个自由度是控制夹持器的运动。在训练期间，这些值被标准化。

12.4.3　奖励函数设置

为了提高学习效率，我们在模拟仿真的每个时间步提供了一个奖励函数 R，这个奖励函数由五部分构成，分别为角度奖励函数 r_{door}，位置奖励函数 r_{dist}，方向奖励函数 r_{ori}，抓握奖励函数 r_{grasp} 和触觉奖励函数 $r_{tactile}$。ω_{door}，ω_{dist}，ω_{ori}，ω_{grasp}，$\omega_{tactile}$ 是不同奖励项的标准化系数，本章经调整后其值分别为 5.0、0.4、0.05、0.1 和 0.01。定义如下：

$$R = \omega_{door} \cdot r_{door} + \omega_{dist} \cdot r_{dist} + \omega_{ori} \cdot r_{ori} + \omega_{grasp} \cdot r_{grasp} + \omega_{tactile} \cdot r_{tactile} \tag{12-4}$$

（1）角度奖励函数 r_{door}

$$r_{door} = \begin{cases} \alpha, & \text{if } \mathbf{1}_{grasp} \\ 0, & \text{otherwise} \end{cases} \tag{12-5}$$

我们采用门的铰链角度 α 和夹持器握住门把手时的抓取状态 $\mathbf{1}_{grasp}$ 来定义角度奖励函数，如式(12-5)。其中 α 范围为[0°,90°]，抓住门把手时 $\mathbf{1}_{grasp}$ 取值为 1，否则为 0。当机器人夹持器抓住门把手时，会获得一个值为 α 的奖励，否则获得值为 0 的奖励。

（2）位置奖励函数 r_{dist}

$$r_{dist} = -1 - \tanh(\| \boldsymbol{X}_{knob} - \boldsymbol{X}_{gripper} \|_2) \tag{12-6}$$

我们采用门把手中心的三维位置 $\boldsymbol{X}_{knob}$ 和夹持器中心的三维位置 $\boldsymbol{X}_{gripper}$ 来定义位置奖励函数，如式(12-6)所示。其中包含的 −1 确保了该函数的非正值。$\| \boldsymbol{X}_{knob} - \boldsymbol{X}_{gripper} \|_2$ 为 2-范数，Euclid 范数（欧几里得范数，常用计算向量长度），即向量元素绝对值的平方和再开方，此处指门把手中心的三维位置和夹持器中心的三维位置的距离。当门把手中心的三维位置和夹持器中心的三维位置重合时，此时夹持器以最好的姿势握住了门把手，位置奖励函数最大，最大值为 −1。

（3）方向奖励函数 r_{ori}

$$r_{ori} = -1 - \tanh(\| \Omega_t - \Omega_g \|_2) \tag{12-7}$$

我们采用夹持器的三维方向向量 $\boldsymbol{\theta}_g$ 及门表面的正交方向的三维方向向量 $\boldsymbol{\theta}_t$ 来

定义方向奖励函数，如式(12-7)所示。其中，Ω_t 和 Ω_g 均为正弦-余弦编码，$\Omega_t=(\sin(\boldsymbol{\theta}_t),\cos(\boldsymbol{\theta}_t))$，$\Omega_g=(\sin(\boldsymbol{\theta}_g),\cos(\boldsymbol{\theta}_g))$，其包含的−1 确保了该函数的非正值。

(4) 抓握奖励函数 r_{grasp}

$$r_{\text{grasp}}=\begin{cases}1, \text{ if } \mathbf{1}_{\text{grasp}}\\ 0, \text{ otherwise}\end{cases} \tag{12-8}$$

我们采用夹持器握住门把手时的抓取状态 $\mathbf{1}_{\text{grasp}}$ 来定义抓握奖励函数，如式(12-8)所示。抓住门把手时 $\mathbf{1}_{\text{grasp}}$ 为 1，否则为 0。当 $\mathbf{1}_{\text{grasp}}$ 为 1 时，抓握奖励函数为 1，否则为 0。

(5) 触觉奖励函数 r_{tactile}

$$r_{\text{tactile}}=\begin{cases}\|\hat{\boldsymbol{c}}\|_1, \text{ if } \alpha>\alpha_0 \text{ and } \mathbf{1}_{\text{grasp}}\\ 0, \text{ otherwise}\end{cases} \tag{12-9}$$

我们采用 30 个二进制触觉值 $\hat{c}$，门的铰链角度 α 和夹持器握住门把手时的抓取状态 $\mathbf{1}_{\text{grasp}}$ 来定义触觉奖励函数。其中，$\alpha_0=1.15°$ 是经验阈值。当夹持器握住门把手且将门打开的角度大于经验阈值时，触觉奖励为非零值，否则触觉奖励为 0。

12.4.4 策略学习设置

采用 TD3 算法学习基于触觉的机器人开门控制策略。在训练过程中，动作的探测噪声随着时间的推移而衰减，以促进学习策略的稳定性。

12.4.5 仿真到真实的参数设置

我们在 RL 训练中采用了域随机化技术，增强了模拟仿真到真实迁移的鲁棒性。由于动力学参数的随机化，仿真模拟系统的过渡函数 T 变为 $T(\hat{s}'\mid\hat{s},a;\xi)$，它现在依赖于参数 ξ，从分布 $p(\xi)$ 中采样。相应的 RL 目标从第二节中定义的标准 RL 目标修改为：

$$\max_\theta \mathbb{E}_{\xi\sim p(\xi)}[\mathbb{E}_{s\sim\hat{D}}[Q(s,\pi_\theta(s))]] \tag{12-10}$$

式中，$\hat{D}$ 是一个数据集，包含格式为$(\hat{s}+\epsilon_s,a+\epsilon_a,s'+\epsilon_{s'},r,d)$的数据样本，由于随机动力学，$\hat{s}'$来自 $T(\hat{s}'\mid\hat{s},a;\xi)$，而不是 $T(s'\mid s,a)$。ϵ_s、$\epsilon_{s'}$ 和 ϵ_a 是从给定分布中采样的观察噪声和动作噪声。

(1) 动力学随机化：为了缓解开门任务中的现实差距，我们在手动确定的范围内，将表 12-2 中无法准确测量的关键参数随机化。我们选择随机化的范围，以覆盖现实的数据分布。在策略训练期间，每个参数都从均匀分布中采样，以在模拟中创建唯一独立的环境设置。请注意，我们只随机化不包括机器人的环境参数，因为它们在不同的设置下会发生变化。机器人的参数，包括连杆质量、关节阻尼、关节控制的比例增益等，都是通过轨迹对准过程确定和明确识别的。这是通过在所有实验之前在仿真和现实中匹配关节位置轨迹来实现的。

表 12-2　关键参数随机初始化范围

参数	范围
门把手摩擦	[0.8,1.0]
门铰链刚度	[0.1,0.8]
门铰链阻尼	[0.1,0.3]
门铰摩擦损失	[0.0,1.0]
门质量	[50.0,150.0]
门把手质量	[2.0,10.0]

（2）额外噪声/延迟：除了随机化门的相关环境参数外，我们还在此方法中添加了一些额外的噪声和延迟因子，以处理一些影响因素，并实现更普遍的策略。这些影响因素可能是由视觉传感器对物体的不准确定位，以及机器人的抖动或齿轮反斜杠等造成的。因此，我们在训练期间将观察噪声 ϵ_o 和动作噪声 ϵ_a 添加到机器人的观察和动作中。这两种噪声都是从均匀分布中采样的，其范围如表 12-3 所示。对于观察空间，只有 30 维二进制触觉读数不受该噪声的影响。夹持器控制不受动作噪声的干扰。我们还允许在仿真模拟中，针对所有观察维度，在训练中发生单步观察延迟。所有噪声和延迟都以一个时间步长加在一起（即每个时间步长有一组值）。最后两个参数是工作台在 x 轴和 y 轴上的位置偏移，这有助于解释工作台（和门）位置与机器人之间距离的小偏移量。位置偏移应用于一个训练轮长（即每个训练轮有一对值）。

表 12-3　噪声/延迟参数

参数	范围	应用变量	应用范围
观察噪声	[−0.002,0.002]	观察空间除去触觉外的所有维度	每个时间步
观察延迟	{0,1}	观察空间所有维度	每个时间步

续表

参数	范围	应用变量	应用范围
动作噪声	[−0.01,0.01]	动作空间除去夹持器控制外的所有动作	每个时间步
工作台(门)位置偏移(x 方向)	[−0.05,0.05]	工作台(门)位置(x 方向)	每个训练轮
工作台(门)位置偏移(y 方向)	[−0.05,0.05]	工作台(门)位置(y 方向)	每个训练轮

(3) 触觉信号随机化：我们将二值化触觉信号(30 维)应用于机器人运动过程中的观察。为了缓解触觉传感器现实与仿真的差距，我们使用二进制翻转(0 到 1,1 到 0)的方法来处理训练中的触觉读数。更具体地说，在每个时间步，触觉传感器读数的每个二进制值都将以一定的概率 p_{flip} 翻转。在实践中，我们使用 $p_{\mathrm{flip}}=0.005$。

12.5 实验

12.5.1 实验环境设置

对于基于触觉的机器人开门技能学习实验，我们选择 MuJoCo 开发的一个模拟环境，该模拟环境采用 7 自由度的 Franka Emika Panda 机器人，还包括机器人夹持器的触觉传感器，以反映真实的环境。实验通过仿真可以直接得到物体之间的相对位姿，包括门铰角，通过读取安装在夹持器上的力传感器感知触觉反馈。机器人通过 RL 方法进行策略学习，最终完成开门技能学习。具体实验环境如图 12-3 所示。

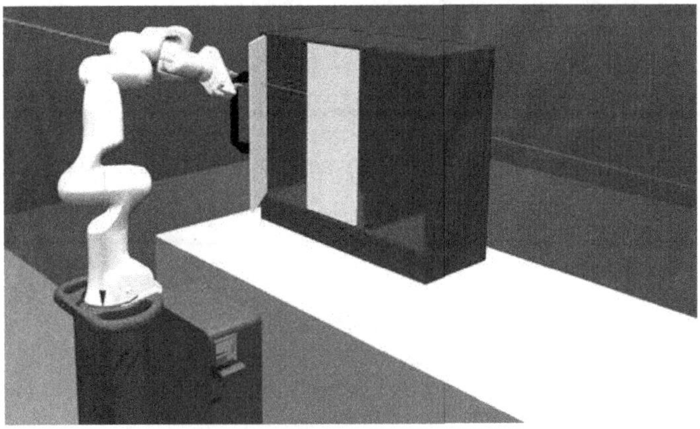

图 12-3 实验环境

12.5.2　实验分析

在模拟中，我们使用 TD3 算法在不同的随机种子上训练了三种策略，分别用于有或没有触觉感知的情况，并保持所有其他设置不变。对于这三种策略分别进行了 10 次评估，以获得平均性能。

利用触觉信息的策略表现出更好的抓握姿态，因为它将夹持器定位在门把手两侧，激活了多个触觉单元，这意味着接触区域较大。接触面积大就会减少滑动的机会，从而获得更好的抓握稳定性和更一致的开门效果。

从表 12-4 中，我们可以看出，与不使用触觉信息的政策相比，通过结合触觉信息，机器人能够在仿真模拟中获得更大的开门角度平均值。为了进一步比较，我们额外提供了每一个训练轮的最终奖励。因为没有触觉反馈的情况下奖励值缺少一个触觉奖励项 E_q，直接进行比较是不公平的。因此我们考虑在没有触觉信息的情况下，通过将触觉奖励项可以取到的最大值，$timesteps^{max} \cdot \omega_{tactile} \cdot r_{tactile}^{max}=300$，添加到表中列出的平均奖励中，以获得最大值奖励。然而，即使包括触觉奖励这一项，使用触觉传感器获得的平均奖励仍然优于没有触觉传感器的平均奖励。这表明使用触觉传感器可以提高任务性能，更快、更顺畅地控制机器人。表中的"Steps"列显示了实现最大角度所需的总步数。

表 12-4　实验结果比较

	Door Angle/(°)	Angle Min/Max/(°)	Steps	Reward
w/ tactile	41.8±15.7	0.6/90.0	720.5±234.4	2 435.6±1 024.6
w/o tactile	34.6±20.3	1.3/90.0	584.4±273.4	1 881.8±1 363.3

12.6　本章小结

丰富机器人的感官输入以更好地优化机器人的操作，这是一个长期的挑战。基于学习的方法提供了处理涉及视觉和触觉的高维传感器模式的能力。本章的研究验证了二值化后的触觉信息有利于获得更好的抓取姿态，进而实现更好的开门技能学习，证实了将近似建模的触觉传感器阵列应用于辅助机器人学习的可行性。

参 考 文 献

[1] Wang J Y, Lin S Z, Hu C X, et al. Learning semantic keypoint represen-

tations for door opening manipulation[J]. IEEE Robotics and Automation Letters, 5(4):6980-6987.

[2] Bojan N, Leon Z, Ales U. Door opening by joining reinforcement learning and intelligent control[C]//Proceedings of 18th International Conference on Advanced Robotics, Institute of Electrical and Electronics Engineers Inc., 2017: 222-228.

[3] 韩帅. 面向核应急的机械臂开门关键技术研究[D]. 绵阳:西南科技大学, 2019.

[4] 李新茂,刘满禄,王基生,等. 基于深度强化学习的机械臂自适应阀门旋拧方法研究[J]. 制造业自动化,2021,43(7):39-43.

[5] Wu B H, Akinola I, Varley J, et al. Mat: Multi-fingered adaptive tactile grasping via deep reinforcement learning[J]. Computer Science,2019.

第13章　基于元学习和事后经验回放的工具位姿操控技能学习

13.1　引言

强化学习与深度学习结合的研究已取得很大的进展，并被成功应用于诸如自动驾驶、游戏对战等领域以解决端到端的决策问题。在机器人操作技能学习领域中，深度强化学习被用于训练机器人开门[1]、推抓[2]、抓放[3]等技能。对于强化学习来说，智能体通过奖励来优化自己的决策，然而在较为复杂的机器人操作技能学习问题中，智能体难以获得正向奖励从而导致训练缓慢甚至失败，这种问题被称为稀疏奖励问题[4]。

对于稀疏奖励的研究，事后经验回放（HER）[5]用智能体实现的状态来代替训练的期望目标，通过构建虚拟的成功经验来丰富经验池数据，然而由于确定性方法的脆弱性，事后经验回放方法通常面临欠稳定和收敛慢的双重挑战，这会显著影响最终性能。为了提高数据的利用效率，优先经验回放方法通过计算时序差分误差（TD-error）来确定数据被抽取的优先级，但存在优先级计算复杂、需额外维护的数据结构等问题。在事后经验回放思想中，我们可以将经验数据简单分为采样数据与构建的虚拟数据，并根据两种数据的价值来调节二者被抽取的比例。

元学习又称学会学习，通过数据驱动的方式利用以往的经验来学习一些任务级别的信息[6]，可以用于优化超参数，在已有“知识”的基础上快速学习设置超参数直至适合新任务。因此，我们在 SHER 中引入自适应和基于元学习的经验回放分割思想，提出了基于双经验池的自适应软更新事后经验回放（DAS-HER）算法，将其应用于稀疏奖励下的机器人操作技能学习问题，并在两个环境的八个任务中进行了实验验证。

13.2 系统架构

完整的基于 DAS-HER 的机器人操作技能学习系统如图 13-1 所示。

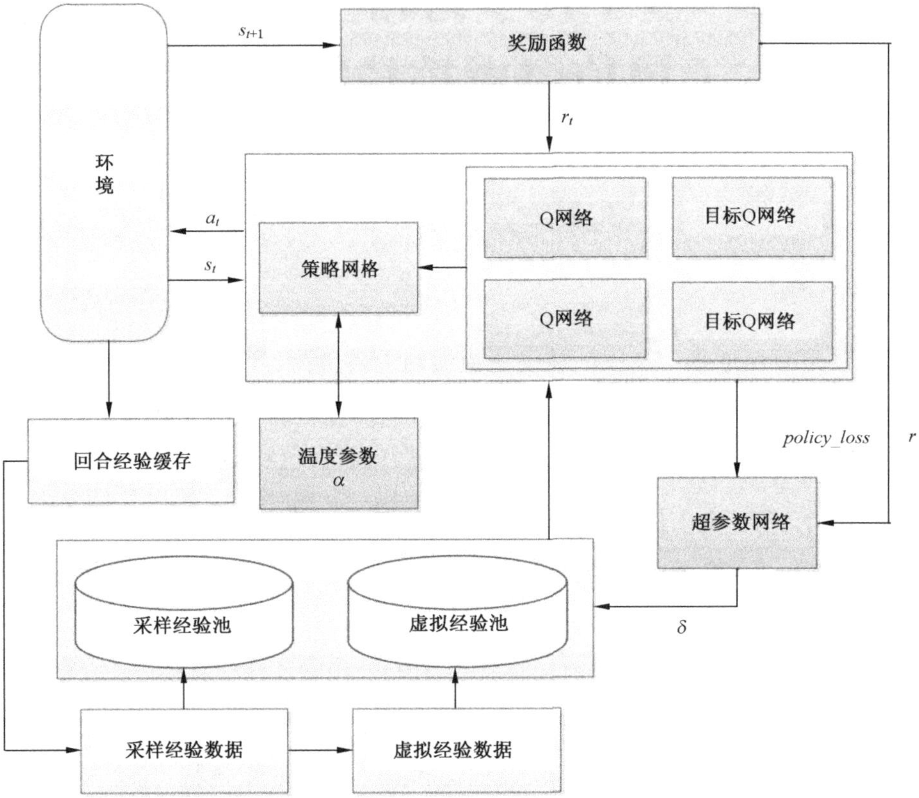

图 13-1　基于 DAS-HER 的机器人技能学习系统

数据采样阶段，回合开始时首先随机初始化机器人环境及需要完成的目标 g。智能体通过传感器获取环境状态 s_t 并执行动作 a_t，环境反馈奖励值 r_t 及新的状态 s_{t+1} 等信息，将经验数据($s_t \parallel g, a_t, r_t, s_{t+1} \parallel g$)保存至回合经验缓存区，如此重复，直至完成目标或执行步数超过阈值，回合结束。回合结束后从缓冲区选取经验数据($s_t \parallel g, a_t, r_t, s_{t+1} \parallel g$)，使用本回合后续的 $n(n \geqslant 1)$ 个状态替换目标 g 并重新计算收益，构造出虚拟经验数据($s_t \parallel g', a_t, r_t', s_{t+1} \parallel g'$)。最后将本回合的采样数据保存到采样经验池 D_1，构建数据保存到构建经验池 D_2 中。

网络训练阶段，首先通过超参数网络获取参数 δ 的值，从采样经验池 D_1、构建

经验池 D_2 中分别随机读取 $(1-\delta)\times N_{Batch}$、$\delta\times N_{Batch}$ 组数据，然后通过两个 Q_{Soft} 网络独立计算动作价值函数，选取价值较小的结果计算出策略网络与 Q_{Soft} 网络的损失，并对温度参数进行更新。

13.3 软更新事后经验回放(SHER)

通用值函数逼近器通过引入目标，定义了广义值函数 $V_g(s)$，表达了局部目标的奖励，使机器人能够在一个强化学习环境下实现多个任务的训练。令 G 为所有目标可能的空间，通常需要不同的奖励函数和最优值函数去完成各种任务方案，UVFA 提出将状态 $s\in S$ 和目标 $g\in G$ 整合为高维状态 (s,g)，价值函数 $V(s)$ 与 $Q(s,a)$ 则被表示为 $V(s,g)$ 与 $Q(s,a,g)$。每一个目标 $g\in G$ 都对应一个奖励函数 r_g。在整个回合中目标是固定值，在每一步中，智能体获得当前状态，通过 $\pi: S\times G\rightarrow A$ 执行动作并获得奖励 $r_t=r(s_t,a_t,g)$，Q 函数不仅仅取决于状态和动作，还取决于目标：$Q_\pi(s_t,a_t,g)=\mathbb{E}[R_t \mid s_t,a_t,g]$。

在通用值函数逼近器的框架下，多目标的强化学习优化的目标函数可以表示为：

$$J(\phi)=\mathbb{E}_{s\sim\rho_\pi,a\sim\pi_\phi(a|s,g),g\sim G}[r(s,a,g)] \tag{13-1}$$

策略函数的梯度更新依赖于可变性的奖励，但在稀疏奖励环境下，智能体很难通过随机探索达到目标状态，无法收集到足够多可变性信息使训练收敛。为了解决这一问题，HER 算法通过转换采样获得的经验数据 (s_t,a_t,s_{t+1},r_t,g) 中的 g，将其更新为未来时刻已达到的目标 $g'=s_k,k\geqslant t$，重新计算获得的新奖励 $r_t'=r(s_t,a_t,g')$，得到虚拟的经验数据 $(s_t,a_t,s_{t+1},r_t',g')$。HER 使得智能体可以获得足够多可变性的奖励信号来学习，做到从失败的经验中学到知识，从而有效解决了稀疏奖励训练难以收敛问题，并显著提高了样本采样效率。

在复杂的多任务强化学习环境中，使用 HER 算法训练的智能体在不同回合之间经常会陷入波动。为了提高 HER 算法的稳定性，SHER 算法将其与最大熵概率推理模型结合，在原强化学习优化目标的基础上增加了熵项：

$$J(\phi)=\mathbb{E}_{s\sim\rho_\pi,a\sim\pi_\phi(a|s,g),g\sim G}[r(s,a,g)+\alpha H(\pi(a\mid s))] \tag{13-2}$$

通过温度参数 α 来决定熵在优化目标中的重要性，实现了更先进、更稳定的性能。但在使用 SHER 算法进行训练前，需要人为探索最优的温度参数以达到最优的训练效果。

13.4 自适应软更新事后经验回访(AS-HER)

为了适应高维和连续的状态空间,本章采用演员-评论家框架,通过函数逼近方法来求解动作价值函数 Q_{Soft} 和策略函数 π,神经网络参数分别表示为 θ 和 ϕ,训练过程中交替对动作价值 Q_{Soft} 网络 $Q_\theta(s_t, a_t, g)$ 和策略网络 $\pi_\phi(s_t, g)$ 进行梯度更新优化,其中策略函数 π 被建模为高斯模型,通过神经网络 ϕ 给出均值与方差。

在多目标强化学习中,整个回合目标 g 是固定的,在目标 g 固定的基础下,可得贝尔曼方程为[7]:

$$Q(s_t, a_t, g) = r(s_t, a_t, g) + \gamma \mathbb{E}_{s_{t+1} \sim p(s_{t+1} | s_t, a_t, g)}[V(s_{t+1}, g)] \tag{13-3}$$

SHER 算法通过一个深度网络模型来近似逼近状态价值函数 $V(s, g)$。一般的强化学习框架中,状态价值函数被表示为动作价值函数的期望。因此在最大熵模型下我们可以使用式(13-4)来近似估计 $V(s_t, g)$:

$$V_\theta(s_{t+1}, g) = \mathbb{E}_{a_{t+1} \sim \pi}[Q_\theta(s_{t+1}, a_{t+1}, g) - \log\pi(a_{t+1} | s_{t+1}, g)] \tag{13-4}$$

为了使贝尔曼残差最小化,Q_{Soft} 网络的损失函数被定义为 Q_{Soft} 网络对动作价值函数的估计与式(13-3)计算的价值之间的均方误差,该误差也被称为单步时序差分误差,如公式(13-5)所示:

$$J_Q(\theta) = \mathbb{E}_{(s_t, a_t, g) \sim D}\left[\frac{1}{2}(Q_\theta(s_t, a_t, g) - (r(s_t, a_t, g) + \gamma \mathbb{E}_{s_{t+1} \sim p}(V_{\theta'}(s_{t+1}, g))))^2\right] \tag{13-5}$$

式中,D 为重放经验缓冲池,用来存放采样得到的数据四元组$(s_t || g, a_t, r_t, s_{t+1} || g)$;$\theta'$ 为目标 Q_{Soft} 网络参数,结构与 Q_{Soft} 网络参数 θ 一致,并定期参数 θ 进行更新,这样做的目的是对于基于价值(Value Based)的方法,贪婪地更新值函数会带来的过估计问题,使用目标 Q_{Soft} 网络可以减少目标值与当前值的相关性。结合式(13-4)通过梯度下降对参数 θ 进行优化:

$$\hat{\nabla}_\theta J_Q(\theta) = \nabla_\theta Q_\theta(s_t, a_t, g)[Q_\theta(s_t, a_t, g) - (r(s_t, a_t, g) + \gamma \mathbb{E}_{s_{t+1} \sim p}(V_{\theta'}(s_{t+1}, g)))] \tag{13-6}$$

对于策略网络 π,我们希望动作价值函数越大的动作被选择的概率也越大,指数函数则可以很好地满足该要求。因此策略 π 选择动作的概率可以被表示为如下的指数函数：

$$\pi(a_t|s_t,g)\propto\exp\left(\frac{1}{\alpha}Q_{Soft}(s_t,a_t,g)\right) \tag{13-7}$$

KL 散度可以用来衡量两个概率分布之间的相似性，因此我们希望上式中策略 $\pi(a_t|s_t,g)$ 与 $\exp(\frac{1}{\alpha}Q_{Soft}(s_t,a_t,g))$ 之间的 KL 散度足够小，其中 KL 散度定义为

$$KL(p||q)=\sum_{i=1}^{N}p(x_i)(\log p(x_i)-\log q(x_i))$$

故将策略网络的损失函数定义为二者的 KL 散度：

$$J_\pi(\phi)=\mathbb{E}_{(s_t,g)\sim D}[\mathbb{E}_{a_t\sim\pi_\phi}[\alpha\log(\pi_\phi(a_t|s_t,g))-Q_{\theta'}(s_t,a_t,g)]] \tag{13-8}$$

同时在动作中加入高斯噪声，通过神经网络 ϕ 输出期望 μ 与方差 σ，令网络的输出为 ε_t，可得到 a_t 为：

$$a_t=f_\phi(\varepsilon_t;s_t,g) \tag{13-9}$$

故式(13-8)中策略网络的目标可改写为：

$$J_\pi(\phi)=\mathbb{E}_{(s_t,g)\sim D,\varepsilon_t\sim N}[\alpha\log\pi_\phi(f_\phi(\varepsilon_t;s_t,g)|s_t,g)-Q_{\theta'}(s_t,f_\phi(\varepsilon_t;s_t,g),g)] \tag{13-10}$$

使用 π_ϕ 隐式定义 f_ϕ，可以得到 ϕ 的梯度优化公式如下：

$$\hat{\nabla}_\phi J_\pi(\phi)=\nabla_\phi\alpha\log(\pi_\phi(a_t|s_t,g))+(\nabla_{a_t}\alpha\log(\pi_\phi(a_t|s_t,g))-\nabla_{a_t}Q_{\theta'}(s_t,a_t,g))\nabla_\phi f_\phi(\varepsilon_t;s_t,g) \tag{13-11}$$

在 SHER 算法中，温度参数 α 是固定的，α 的值会影响到算法的效率，但确定最合适的 α 值并非易事，而且每个任务的最佳 α 值并不相同。我们希望制定一个最大熵学习目标来动态调整 α 值，当策略探索到未知的状态时，智能体无法得知最优动作，这时应增大 α 值使智能体更有探索性，当策略基本确定时，应减小 α 值以减少探索，为此需要一个具有最大期望奖励且满足最小期望熵约束的随机策略，温度参数的最优解 α_t^* 可以由式(13-12)求解：

$$\alpha_t^*=\arg\min_{\alpha_t}E_{a_t\sim\pi_t^*}[-\alpha_t\log\pi_t^*(a_t|s_t,g\ ;\alpha_t)-\alpha_t\bar{H}] \tag{13-12}$$

通过函数近似和随机梯度下降的方法近似求解式(13-12)，温度参数 α 的损失函数可表示为：

$$J(\alpha)=\mathbb{E}_{a_t\sim\pi_t}[-\alpha\log\pi_t(a_t|s_t,g)-\alpha\bar{H}] \tag{13-13}$$

对于连续状态空间的任务，无法简单地使用式(13-4)估计状态价值函数 $V(s_t, g)$，为此我们提出了一种精简值函数计算方法。使策略函数 π 选择每个动作的概率满足正态分布 $a \sim N(\mu, \sigma^2)$，选择动作的期望值为 μ，同理结合式(13-7)可以得到：

$$\mathbb{E}_{a_{t+1} \sim N(\mu, \sigma^2)}[Q_\theta(s_{t+1}, a_{t+1}, g)] = Q_\theta(s_{t+1}, \mu, g) \tag{13-14}$$

式(13-4)可通过式(13-15)计算：

$$\begin{aligned} V_\theta(s_{t+1}, g) &= E_{a_{t+1} \sim \pi}[Q_\theta(s_{t+1}, a_{t+1}, g) - \log\pi(a_{t+1} | s_{t+1}, g)] \\ &= Q_\theta(s_{t+1}, \mu, g) - \log\pi(\mu | s_{t+1}, g) \end{aligned} \tag{13-15}$$

为进一步减少过估计问题带来的影响，采用参数为 θ_1、θ_2 的两个 Q_{Soft} 网络，对应的目标 Q_{Soft} 网络参数为 θ'_1、θ'_2。在对式(13-5)、式(13-8)进行实现时，使用两个 Q_{Soft} 网络输出价值较小的一个，并独立对其进行训练和优化。

13.5 基于元学习的经验回放分割

对于自适应软更新经验回放算法，可以将经验池中的数据划分为真实的采样数据和构建的虚拟数据两部分。面对稀疏奖励的强化学习任务，当智能体很难通过真实采样获得正向奖励时，采样得到的数据样本价值低，随着网络性能的提升，采样数据的价值也会得到提高。为了能够在经验回放时灵活地控制真实与虚拟数据之间的比例，我们提出了一种经验回放分割方法，将经验池分割为采样经验池 D_1 与虚拟经验池 D_2 两部分，分别用来存储真实的采样数据和构建的虚拟数据，假设每次采用 N_{batch} 组数据训练网络，则从经验池 D_1、D_2 中分别随机读取 $(1-\delta)N_{batch}$ 和 δN_{batch} 组数据，其中参数 δ 取值在 0～1 之间。经验回放分割方法不仅打破了经验数据之间的相关性，使得网络在训练中更加稳定，同时还可以保证每次小批量训练时中真实的采样数据与构建的虚拟数据同时存在。

为了不需人为设置参数 δ，且能适应任务的不同阶段，可以利用已有“知识”通过元学习思想学习参数 δ 使其适应不同任务。在自适应软更新经验回放算法中，收益与策略网络的损失是体现算法表现和策略网络的优化程度的重要指标，也是宝贵的已有“知识”，为此我们设计了一个深度神经网络对参数 δ 进行学习，其中网络的输入为收益和策略网络损失，为了最大化奖励，将网络的损失定义为 $-(\delta \times r)$。

基于双经验池的自适应软更新事后经验回放完整算法如表 13-1 所示，智能体执行采样策略选择的动作来收集经验数据，并分别将采样数据和虚拟数据存储到不同的经验池中，通过元学习思想学习比例参数，并根据学得的比例从两个经验池中抽取数据交替对函数逼近器进行随机梯度下降。从失败的经验中学习，从而有效解决了稀疏奖励训练不收敛问题，并显著提高了样本采样效率。

表 13-1　双经验池自适应软更新事后经验回放算法

初始化策略网络参数 ϕ，Q_{Soft} 网络参数 $\theta_1,\theta_2,\theta'_1\leftarrow\theta_1,\leftarrow\theta'_2\leftarrow\theta_2$，空的经验池 D_1、D_2，学习率 λ
1:for episode=1,M do
2:选择目标 g，初始化状态 s_0
3:for $t=0,T-1$ do
4:通过演员网络选择动作 a_t
5:执行动作 a_t 获得下一时刻状态 s_{t+1}
6:end for
7:for $t=0,T-1$ do
8:$rt:=r(s_t,a_t,g)$
9:将数据$(s_t\parallel g,a_t,r_t,s_{t+1}\parallel g)$保存到 D_1
10:对额外的目标采样以进行重播 G
11:for $g'\in G$ do
12:$r':=r(s_t,a_t,g')$
13:将$(s_t\parallel g,a_t,r_t,s_{t+1}\parallel g)$保存到 D_2
14:end for
15:end for
16:for $t=1$ N do
17:从经验池 D_1 选择$(1-\delta)\times Batch$ 组数据，从经验池 D_2 选择 $\delta\times Batch$ 组数据
18:更新 ϕ,θ,α：
$\phi\leftarrow\phi-\lambda_\phi\hat{\nabla}_\phi J_\pi(\phi)$
$\theta_i\leftarrow\theta_i-\lambda_Q\hat{\nabla}_{\theta_i}J_Q(Q_i)$，for $i\in\{1,2\}$
$\alpha\leftarrow\alpha-\lambda\alpha_\lambda\hat{\nabla}_\alpha J(\alpha)$
$\delta\leftarrow\delta-\lambda_\delta\hat{\nabla}_\delta J(\delta)$
19:更新 Q_{Soft} 目标网格 θ'_i：
$\theta'_i\leftarrow\rho\theta'_i+(1-\rho)\theta'_i$，for $i\in\{1,2\}$
20:end for
21:end for

13.6　Fetch 和 Hand 环境的强化学习表示

智能体通过 AS-HER 算法进行操作技能学习前，首先要将智能体从环境中分离出来，并将机器人及目标物体的信息符号化为强化环境的状态、目标与动作，常见的机器人操作技能学习 Fetch 与 Hand 环境可以符号化表示为：

(1) Fetch 环境:状态集合 S 包含抓手与目标物体的坐标位置、抓手的移动速度等信息,维度为 25 维;目标集合 G 为目标位置的三维坐标矢量,符号化表示为 $G=\{X_{obj},Y_{obj},Z_{obj}\}$;动作集合为四维矢量来表示机械臂抓手的三维坐标矢量及抓手状态(打开或关闭),可符号化表示为 $A=\{X_{obj},Y_{obj},Z_{obj},grip\}$。

(2) Hand 环境:状态集合 S 包含机器手 24 个关节的坐标位置与速度等信息,共 61 维;目标集合 G 为目标位置的三维坐标矢量与四维旋转角度;动作集合 A 为 20 个非耦合关节的绝对位置。

13.7 基于 DAS-HER 的机器人操作技能学习

将 DAS-HER 算法应用到机器人操作技能学习,首先需要构建机器人操作技能学习的强化学习环境,并初始化采样经验池 D_1、虚拟经验池 D_2、温度参数 α、策略网络 ϕ、Q_{Soft} 网络 $\theta_{i,i=1,2}$ 及超参数网络。策略网络输入层结点个数为状态和目标的维度之和,输出层共两个结点,输出策略高斯分布的期望与方差;两个 Q_{Soft} 网络结构相同,输入层结点个数为转态、目标和动作的维度之和,输出层仅有一个结点,用来输出动作价值;超参数网络输入层的两个结点用来输入奖励与动作网络的损失,输出层输出数据为参数 δ 的值。各网络的结构如图 13-2 所示。

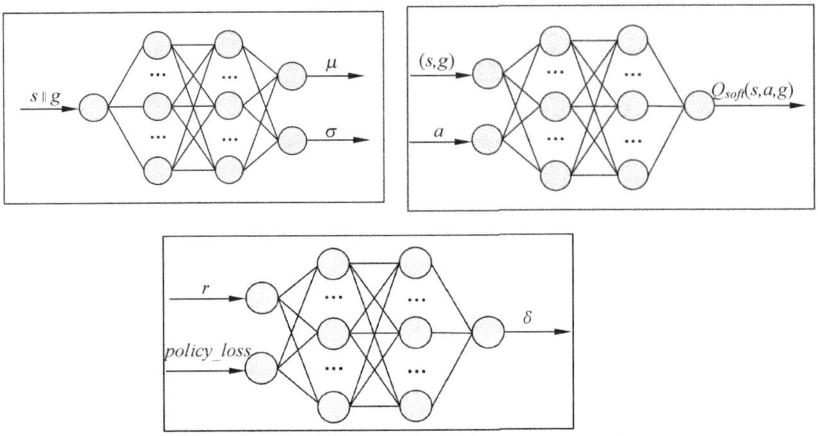

图 13-2　网络结构

同时还需制定一套选择动作的策略用来采集训练数据,DAS-HER 作为一种异步策略(Off-policy)算法,学习过程中优化的策略与采集样本时选择动作的行为策略可以是不同的策略。在对数据进行采样时,为了让智能体更加全面地探索环境,

在式(13-11)的基础上,每次选择动作时以概率 ρ 随机在动作集合 A 中选择一个动作:

$$A_t=\begin{cases} f_\phi(\varepsilon_t;s_t,g), random(0,1)\leqslant\rho \\ random(a), \text{其他} \end{cases} \tag{13-16}$$

上述准备工作完成后,便可以对训练所需要的数据进行采样。回合开始时,随机初始化机器人环境及需要完成的目标 g,通过传感器获取环境状态 s_t 并根据式(13-16)选择动作 a_t,环境反馈奖励值 r_t 及新的状态 s_{t+1} 等信息,将经验数据($s_t \| g, a_t, r_t, s_{t+1} \| g$)保存至回合经验缓存区,其中奖励函数根据是否达成目标被定义为二元函数:

$$r_t=r_g(s_t,a_t,g)=\begin{cases} 0, |s_t-g<\delta| \\ -1, \text{其他} \end{cases} \tag{13-17}$$

如此重复,直至智能体完成目标或执行步数超过阈值。回合结束后从缓冲区选取经验数据($s_t \| g, a_t, r_t, s_{t+1} \| g$),使用本回合后序的 $n(n\geqslant1)$ 个状态替换目标 g 并重新计算收益,构造出虚拟经验数据($s_t \| g', a_t, r_t', s_{t+1} \| g'$),最后将真实的采样数据保存到经验池 D_1,构建的数据保存到经验池 D_2 中。

网络训练阶段,首先从经验池 D_1、D_2 中随机读取 $(1-\delta)\times N_{batch}$ 和 $\delta\times N_{batch}$ 组数据,其中 δ 的值通过超参数网络获得,然后两个 Q_{Soft} 网络独立计算动作价值函数,选取价值较小的结果通过式(13-5)、式(13-10)计算出策略网络与 Q_{Soft} 网络的损失,并通过式(13-13)对温度参数进行更新,其次结合元学习思想,利用策略网络损失和奖励学习超参数 δ,超参数网络的损失设置为 $-(\delta\times r)$,最后对 Q_{Soft} 目标网络进行更新,更新公式如式(13-18):

$$\theta'_i \leftarrow \rho\theta'_i+(1-\rho)\theta_i, i=1,2 \tag{13-18}$$

13.8　实验

为了评估 DAS-HER 算法的有效性,我们采用多目标深度强化学习框架与 HER、SHER 以及仅用本章自适应思想的 AS-HER 算法做了对比。选择的任务为 Mujoco 模拟机器人环境下的 Fetch 任务与 Hand 任务,其中奖励策略采用二进制稀疏奖励,成功时奖励为 0,其他情况奖励为 −1。

实验条件配置如表 13-2 所示。

表 13-2 实验条件配置

类别	型号
系统	Ubuntu 18.04.5 LTS
内存	16G
CPU	Intel Core i9-9900K
GPU	GeForce RTX 2070 SUPER

13.8.1 Fetch 环境及结果分析

首先我们选择了 Mujoco 环境下的 Fetch 机械臂，该机械臂共有 7 个自由度，并有一个两指抓手。使用 Fetch 机械臂对以下四个任务中进行了实验：

（1）Fetch Reach：寻找任务，机械臂要将抓手移动到目标位置。

（2）Fetch Push：推动任务，机械臂要将桌子上的方块推动到目标位置，在任务过程中机械臂抓手被锁住不进行抓取操作。

（3）Fetch Slide：滑动任务，机械臂要用不同的力气去击打桌子上的球体使其滑动，并在摩擦力的作用下最终停在目标位置。

（4）Fetch Pick And Place：抓取与放置任务，机械臂要先学会靠近桌子上的方块并用抓手将其抓起，然后将方块移动到目标位置，该任务中的目标位置是在空中。

在以上四个任务中，方块或球体每回合的初始位置与目标位置均是随机生成的，因此可以作为多目标强化学习的实验环境，具体实验环境如图 13-3 所示。

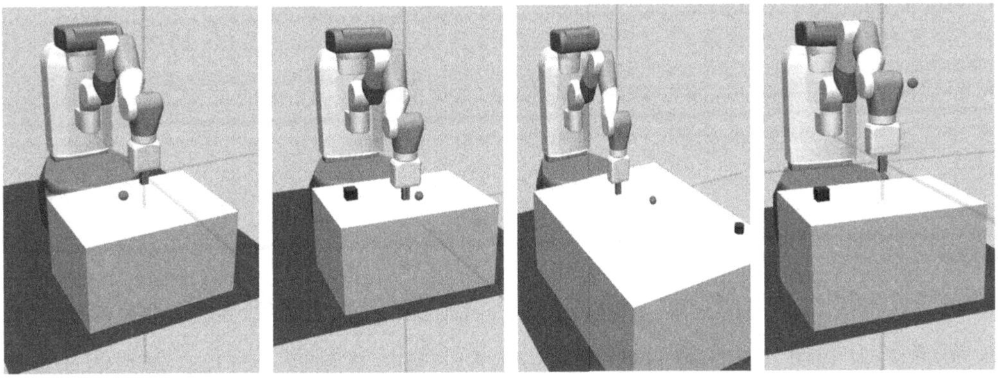

(a) Fetch Reach　(b) Fetch Push　(c) Fetch Slide　(d) Fetch Pick And Piace

图 13-3 Fetch 实验环境

在文献[7]中，作者指出在该实验环境下，当温度参数 α 固定为 0.05 时 SHER 算法的效果最佳，因此，SHER 算法的实验结果均是在 $\alpha=0.05$ 情况下所得，具体实验结果如图 13-4 所示：

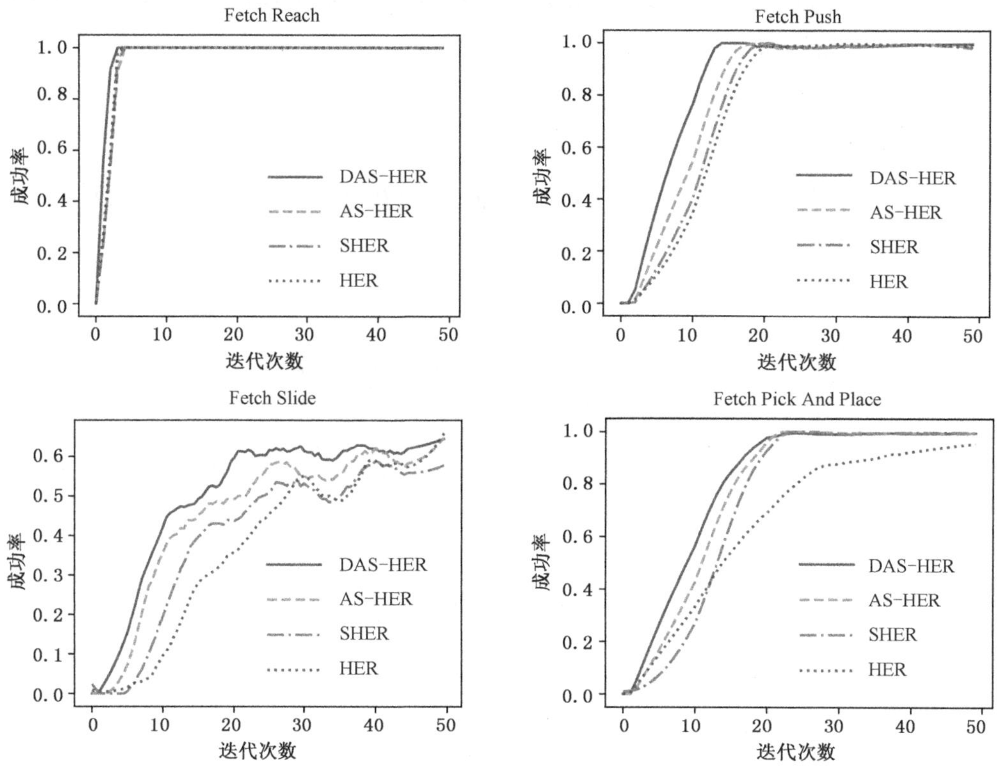

图 13-4　Fetch 环境下实验结果

实验结果表明在 Fetch 环境下的四个机械臂任务中，AS-HER 及 DAS-HER 算法的性能均优于 SHE 和 SHER 算法。训练前期经过相同的迭代次数，AS-HER 及 DAS-HER 相对其他算法能够取得更高的成功率。训练后期由于 Fetch Slide 任务的未知性，四种算法的成功率均无法收敛到 100%且会出现震荡，另外三个任务 AS-HER 及 DAS-HER 可以通过较少的迭代次数使成功率收敛到 100%。

13.8.2　Hand 环境及结果分析

选择更加复杂的 Hand 拟人机器手，该机器手共有 24 个自由度，其中有 20 个关节可以自由控制，其余为耦合关节。使用 Hand 对以下四个任务进行了训练：

(1) Hand Reach：手指捏合任务，训练机器手控制大拇指和另一根手指在手掌上的目标位置接触。

(2) Hand Manipulate Block:控制方块任务,训练机器手控制一个方块并将其移动到目标位置和方向。

(3) Hand Manipulate Egg:控制球体任务,训练机器手控制一个椭球并将其移动到目标位置和方向。

(4) Hand Manipulate Pen:控制笔任务,训练机器手控制一支笔并将其移动到目标位置和方向。

在以上四个任务中,目标位置和方向是随机生成的,实验环境如图 13-5 所示。

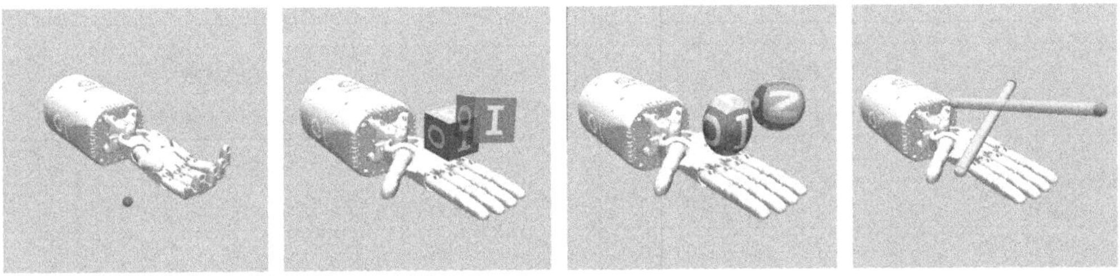

(a) Hand Reach (b) Hand Manipulate Bloc (c) Hand Manipulate Egg (d) Hand Manipulate Pen

图 13-5 Hand 实验环境

与 Fetch 环境相同,SHER 算法结果均是是在 $\alpha=0.05$ 情况下所得,具体实验结果如图 13-6 所示。

实验结果表明,在较为复杂的 Hand 环境下,AS-HER 及 DAS-HER 算法表现更加出色,不仅拥有更高的训练效率,在最终成功率的表现上也优于其他算法。为了验证算法在复杂任务中的有效性,我们统计了 Hand 环境下各算法的最终平均成功率,如表 13-3 所示,结果表明 AS-HER 及 DAS-HER 算法在复杂的环境下表现更佳。

在仅知未知分布少量样本的情况下,AS-HER 会增大温度参数 α,使智能体有更强的探索性以提高探索到更优的动作的可能,当训练逐渐趋于稳定时 AS-HER 算法会减小温度参数 α,以削弱智能体的探索性。因此 AS-HER 算法无论是在 Fetch 环境还是 Hand 环境中,表现都好于 SHER 和 HER 算法。DAS-HER 在 AS-

HER 算法的基础上引入了双经验池，可以动态调整训练样本中采样数据与构建数据之间的比例，提高了训练样本的总体价值，使得 DAS-HER 算法的性能更加优秀。

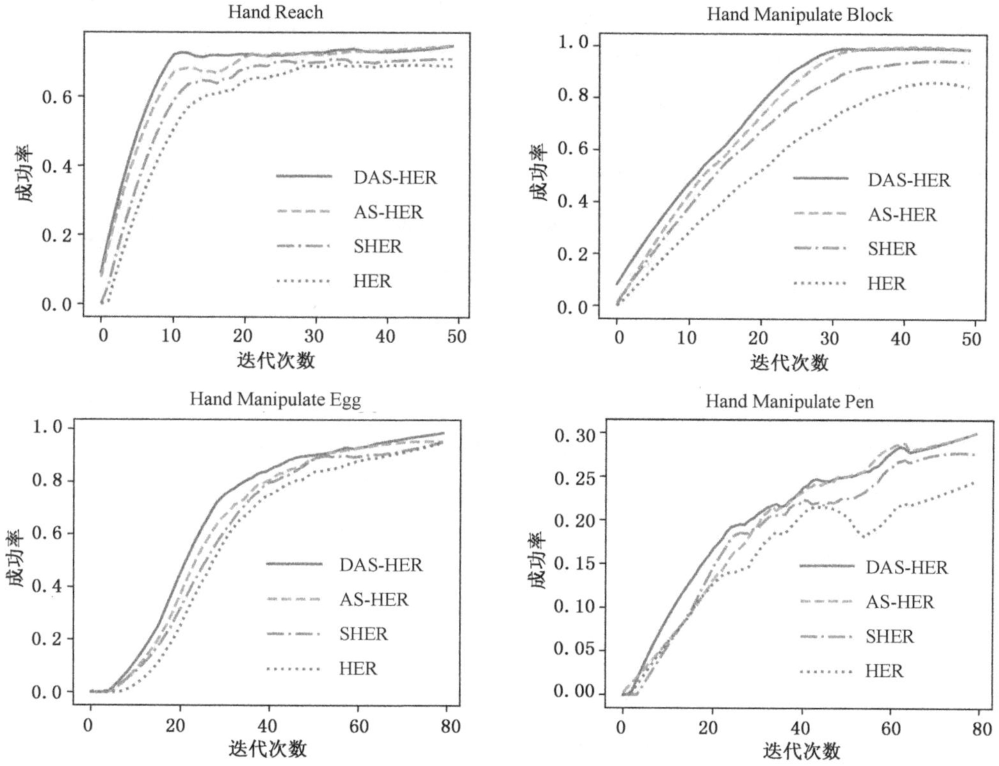

图 13-6　Hand 环境下实验结果

表 13-3　Hand 环境下平均成功率

	Reach	Block	Egg	Pen
HER	68.87%	85.44%	93.25%	23.01%
SHER	70.39%	94.05%	93.87%	25.63%
AS-HER	75.24%	99.38%	94.88%	27.09%
DAS-HER	75.43%	99.19%	97.24%	28.43%

13.8.3　精简值函数分析

在式(13-15)中，我们提出了一种精简值函数计算方法求解 $V(s_t, g)$ 以提高训练效率，为了验证改动并不会影响算法训练收敛的速度，将 AS-HER 算法中的 α 固定为 0.05，与 SHER 算法保持一致，在 Fetch Push、Fetch Slide、Fetch Pick And Place

任务下进行了对比实验，结果如图 13-7 所示。实验证明使用式(13-15)可以在不影响算法收敛速度的情况下提高算法的效率。

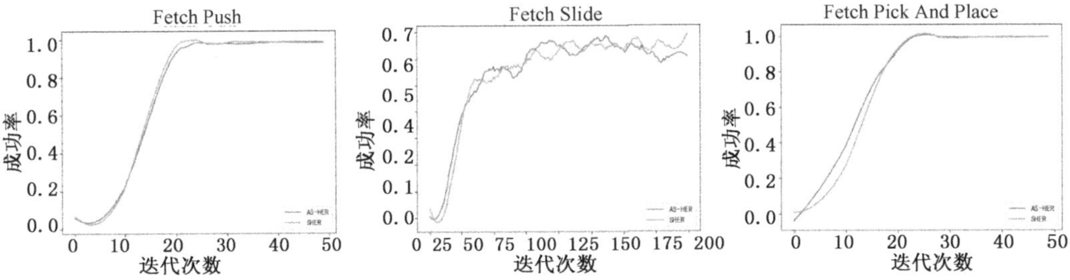

图 13-7　$\alpha=0.05$ 条件下实验结果

13.9　本章小结

由于机器人操作技能学习问题的稀疏奖励性质，传统深度强化学习算法在求解时效率低下。本章在 SHER 中，引入自适应和双经验池元学习思想，提出了一种基于双经验池的自适应软更新事后经验回放算法，并将其应用于机器人操作技能学习。在两个操作技能学习环境下的八个任务中验证了本章方法的先进性。

参 考 文 献

[1] Chebotar Y, Kalakrishnan M, Yahya A, et al. Path integral guided policy search[C]//Proceedings of IEEE International Conference on Robotics and Automation, New York: IEEE,2017: 3381-3388.

[2] 吴培良，张彦，毛秉毅，等. 一种面向稀疏奖励的机器人操作技能学习方法[J]. 控制理论与应用, 2022, 39(x): 1-10.

[3] Wu P, Zhang Y, Li Y, et al. A Robot Pick and Place Skill Learning Method Based on Maximum Entropy and DDQN Algorithm[C]//Journal of Physics: Conference Series. IOP Publishing, 2022(1): 12-63.

[4] 杨瑞，严江鹏，李秀. 强化学习稀疏奖励算法研究——理论与实验[J]. 智能系统学报, 2020, 15(5): 888-899.

[5] Andrychowicz M, Wolski F, Ray A, et al. Hindsight experience replay [C]//Proceedings of Advances in Neural Information Processing Systems, 2017: 5049-5059.

[6] Tian P, Gao Y. Improving meta-learning model via meta-contrastive loss [J]. Frontiers of Computer Science, 2022, 16(5): 1-7.

[7] Prianto E, Kim M S, Park J H, et al. Path planning for multi-arm manipulators using deep reinforcement learning: Soft actor-critic with hindsight experience replay[J]. Sensors, 2020, 20(20): 5911.

彩 图

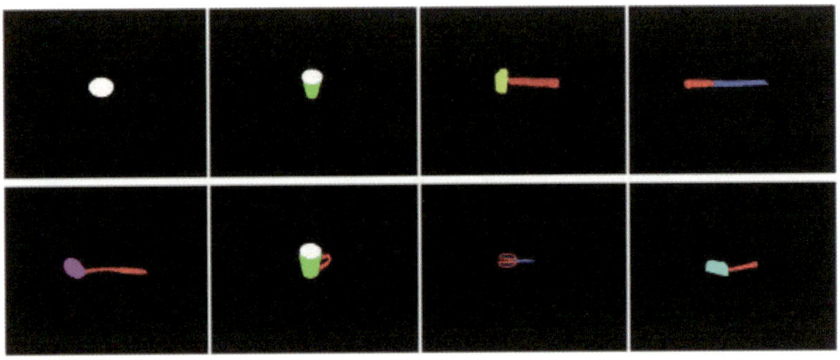

图 1-12 部分对象实例对应的功用性区域标记

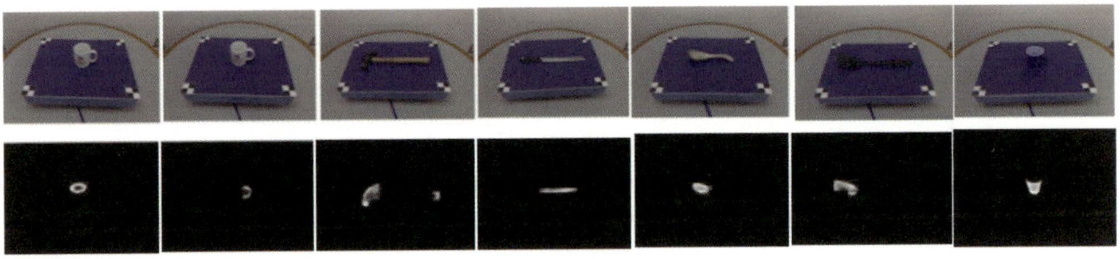

(a) 文献［2］的检测结果

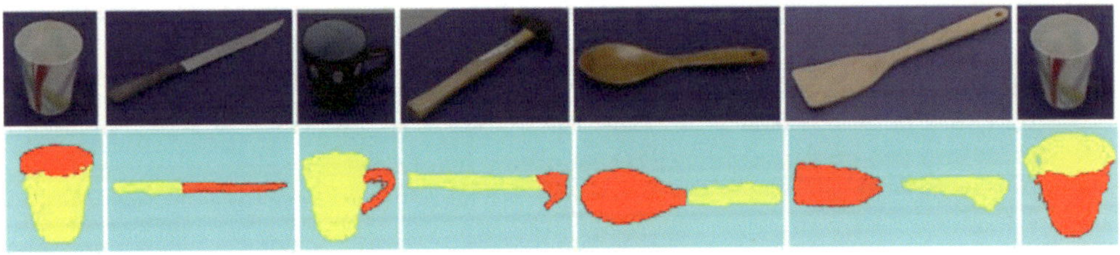

(b) 文献［8］的检测结果

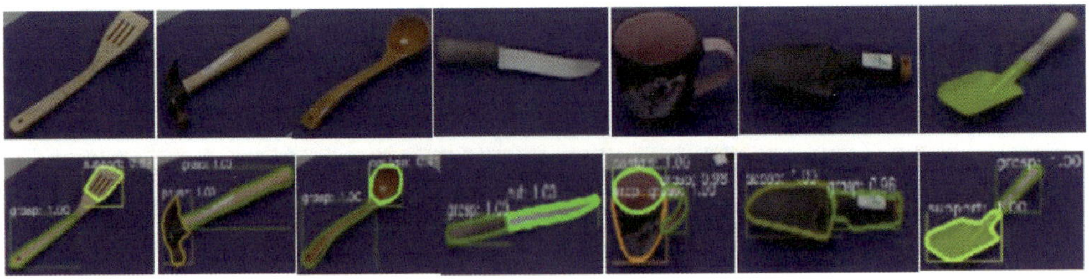

(c) 本节方法的检测结果

图 2-7 不同算法的工具功用性部件检测与分割结果